똑똑하게 먹는 50가지 방법

유해 물질과 활성 산소 없는 밥상 만들기

KATEI DE DEKIRU SHOKUHIN TENKABUTSU
NOUYAKU WO OTOSU HOUHOU
by Kiyoshi Masuo

Copyright©2004 by Kiyoshi Masuo
Illustrations©2004 by Harumin Asami
All rights reserved
Original Japanese edition published
by PHP Institute, Inc.
Korean translation rights arranged
with PHP Institute, Inc.
through Japan Foreign-Rights Centre /
Bookcosmos

똑똑하게 먹는 50가지 방법

유해 물질과 활성 산소 없는
밥상 만들기

마스오 기요시 지음
황지희 옮김

사람과 책

부엌에서 세상을 바꿀 수 있다

박명숙 (朴明淑, 환경정의 '다음을 지키는 사람들' 국장)

풍요로운 먹거리, 넘치는 유해 물질

먹을 것이 없어 초근목피(草根木皮) 했던 시절에 비하면 지금은 먹거리가 넘쳐나는 풍요의 시대입니다. 하지만 풍요로워진 만큼 우리가 잘 살고 있는 걸까요? 영양 부족으로 얼굴에 버짐이 피는 아이들은 줄었지만, 영양 불균형에 시달리는 아이들은 점차 늘어나고 있습니다. 우리나라 초등학생 30% 이상이 비만이고, 0~7세 아동의 25%가 아토피 피부염, 4세 이하 영·유아의 30%가 천식 질환을 앓고 있습니다. 이 수치는 환경이 그리고 먹거리가 개선되지 않는 한 더욱 높아질 것 같습니다.

  당신의 아이는 지금, 이러한 질병으로부터 안전한가요?

21세기에는 안전한 음식을 먹는 것이 불가능하다고 생각하는 사람들이 많습니다. 그럴지도 모릅니다. 공기와 물, 땅은 점차 오염되어가고, '세계화'라는 허울 좋은 이름 아래 플레인 요구르트 하나에도 몇 개국의 재료가 담겨 있기 때문입니다. 어디에서, 누가, 어떤 방법으로 생산한 것인지도 모르는 채 우리는 맛과 향에 이끌려 식품을 사게 되는 경우가 많습니다. 알고 싶어도 도저히 알 수가 없지요.

먹거리를 선택하고 소비하는 주체가 '나'인 것 같지만, 사실 우리가 주체로서의 권한을 행사하려 할 때 얼마나 많은 제약이 따르는지 모릅니다. 유기농산물을 먹고 싶지만, 가격이 비싸다는 이유로 아쉬워하며 돌아서는 분들도 많으실 겁니다. 국산 고사리와 도라지 나물을 먹고 싶어도, 국산이 거의 없기 때문에 방사선을 쏘였을지도 모르는 중국산 고사리를 '울며 겨자 먹기'로 상에 올려야 하지요. 그 외에도 '농약이나 화학비료가 위험하다', '과자나 음료수에 식품첨가물이 많이 들어 있어서 아이들의 행동 장애나 학습 능력 저하를 가져올 수 있다' 등 먹거리에 대한 진실을 접하면 접할수록 귀를 막고 눈을 감고 싶어집니다. 차라리 '모르는 게 약이다'라며 스스로를 위로하고 싶을 때가 더 많지요.

테스트로 검증된 안전한 먹거리 만들기

안전한 먹거리를 찾아가는 과정에는 몇 가지 단계가 있다고 봅니다.

저희 환경정의 '다음을 지키는 사람들'에서 2000년에 책을 냈을 때 많은 사람들이 물었습니다. "그게 다 사실이에요?" "그럼 우린 무얼 먹고 살아야 해요?" 사실을 알고 놀라는 1단계가 끝나면, '그래, 결심했어!' 하며 2단계에 들어섭니다. '이것도 안 돼, 저것도 치워' '너, 누가 엄마 몰래 과자 먹으래?' 이렇게 가족과 충돌을 빚기도 합니다. 내 맘을 몰라주는 가족이 야속하기도 하고, 혼자만 힘이 들지요. 포기하려는 생각이 간절할 때가 바로 2단계입니다. 그러다가 3단계에 들어서면, 서서히 먹거리에 중심을 잡아가게 되지요. 가족의 식습관의 가장 큰 문제를 들여다볼 수 있게 되고, 시급히 바꾸어야 할 것과 천천히 바꾸어야 할 것 등의 순위가 정해집니다. 가족들 도움 없이는 식습관을 바꾸기가 어렵다는 것을 체득하고는, 점차 가족들을 설득하려고 노력하게 되지요. 그래서 더디 가도 함께 가는 것이 가장 빠른 길임을 알게 되는 단계입니다.

이 책은 초보 주부부터 베테랑 주부에 이르기까지 안전한 먹거리를 위해 여러 가지 방법을 찾는 주부를 위한 맞춤 실용서입니다. 농약과 식품첨가물이 건강에 미치는 유해성에 대해 설명하고, 이로써 발생하는 피해를 줄이기 위한 방법이 자세히 나와 있습니다. 식재료를 선택하는 것부터 씻기, 썰기, 조리 방법에 이르기까지, 어떻게 하면 유해 물질을 줄일 수 있는지 여러 가지 실험 방법과 그 결과에 대한 설명이 재미있게 펼쳐집니다. 일본의 도쿄 소비자센터의 시험연구실장으로 있던 저자가 여러 차례 실험 끝에 검증해낸 방법이기 때문에 더욱 신뢰가 갑니다. 이제껏 안전한 먹거리에 대한 책은 여러 종 나왔지만 이 책처럼 전 과정을, 그것도 테스트를 통해 위험을 줄일 수 있는 방법을 구체적으로 제시한 책은 아직 없었던 것 같습니다. 살림과 가족의 건강을 책임지고 있는 사람이라면 꼭 알아야 할 중요한 정보가 가득합니다.

안전한 먹거리를 위한 가장 좋은 방법은 첫째, 유해 물질이 들어 있지 않은 식재료를 고르는 것입니다. 이 책에서도 여러 가지 방법으로 유해 물질을 없애고 있지만, 완전히 없애지는 못하고 있습니다. 물론 조금이라도 식품첨가물을 줄이고 먹는 것이 좋지요. 하지만 그보다 더 좋은 것은 유해 물질이 없는 음식을 먹는 것입니다. 이것이 바로, 이 책에서 자주 언급되는 '우리의 어머니, 할머니들'이 드셨던 음식입니다. 그러한 좋은 먹거리는 사람을 살리고 생태계를 살리지요. 최근에는 유기농산물 시장도 확대되어 비교적 구입하기가 쉽습니다.

두 번째로 좋은 방법은 제철에 나는 먹거리를 구입하는 것입니다. 요사이 먹거리들은 제철이 따로 없지요. '겨울 딸기', '여름 사과' 등은 더 이상 효성에 감동한 산신령님의 선물이 아닙니다. 제철에 나는 것은 비철에 나는 것보다 영양분도 더 많고, 땅에 부담을 덜 주지요. 농약과 화학비료도 덜 씁니다. 무엇보다도 사람과 자연의 기운에 맞는 먹거리라는 것이 가장 큰 장점입니다. 따라서 유기농산물을 먹지 못하는 경우 제철 농산물을 드시는 것이 좋습니다.

세 번째로는 공장에서 만들어낸 가공식품보다는 구매한 농산물을 집에서 조리해 먹는 것입니다. 식품첨가물의 유해성으로부터 건강을 지키기 위한 가장 안전한 방법은 식품첨가물이 들어간 음식을 섭취하지 않는 것입니다. 우리는 지금 과도하게 많은 식품첨가물을 섭취하고 있습니다. 우리의 아이들은 과자, 아이스크림, 음료수 등의 간식 때문에 아마 어른보다 더 많은 양의 식품첨가물을 섭취하고 있겠지요. 이러한 식품첨가물은 어른보다 아이에게 더 큰 악영향을 끼칩니다. 따라서 가공식품을 드실 때는 꼼꼼하게 따져 보고, 꼭 먹어야 할 때에는 이 책을 참조

하셔서 되도록 위험을 줄이는 것이 좋습니다.

걱정하지 말고 배워서 실천하자

식습관을 바꾸기 위한 노력은 단지 내 가족의 건강만을 위한 것이 아닙니다. 개인의 선택 하나하나가 산업의 구조를 바꿀 수도 있고, 생태계를 살릴 수도, 더 악화시킬 수도 있습니다. 그래서 우리는 이제 '부엌에서 세상이 보인다'라고 소극적으로 이야기하지 않습니다. '부엌에서 세상을 바꿀 수 있다'고 적극적으로 이야기합니다.

우리가 무심히 생각해 온 것들, '지금 이 시대에 어떻게 일일이 다 손으로 음식을 만들어 먹어?' '햄버거? 매일 먹는 것도 아닌데……' '우린 어릴 때부터 불량 식품 많이 먹고 자랐지만 아무 탈 없는데, 뭐' 하는 생각들을 바꾼다면, 가족과 생태계의 건강 지수는 훨씬 높아질 것입니다.

'어떻게 먹는 것이 안전할까' 하고 걱정만 하기보다는 부엌에서, 거실에서, 요리할 때, 궁금할 때, 여기서 배운 대로 실천하는 것이 가족의 건강을 지키는 첫걸음이 될 것입니다.

1~3장의 작은 단에 사용된 설명은 옮긴이의 각주이다.
— 편집자 주.

머리말

마스오 기요시

유해한 먹거리의 역사

예로부터 우리의 어머니, 할머니들은 가족을 위해 요리했고, 그 요리법에는 안전하고 믿음이 가는 지혜가 담겨 있었다. 나는 식재료 테스트를 하는 동안 각 가정에서 부엌의 주인이 우리 어머니, 할머니의 '사전 처리의 지혜'와 '요리의 지혜'를 재발견하여 먹거리의 유해 요소를 제거할 책임이 있음을 깨달았다. 그리고 옛 지혜의 위대함에 감탄할 수밖에 없었다.

음식 속에 감춰진 유해한 요소들의 역사를 다음과 같이 시대별로 정리해 보았다.

1960년대 살균제 AF₂가 두부와 어육, 햄, 소시지 등에 쓰였으며, 술에는 *살리실산salicylic acid을 사용했다. 감미료에 들어간 *시클로헥실술팜산 cyclohexylsulfamate, 식용유에 쓰인 PCB(polychlorinated biphenyl) 등 상당히 많은 첨가물이나 농약, 항균성 물질들을 건강과 관계없이 무비판적으로 식품에 첨가했다.

살리실산
산미, 감미를 가진 무색의 결정. 염료, 향료, 의약품 등에 사용한다.

시클로헥실술팜산
인공 감미료로 사용되었으나 발암성 때문에 제조가 금지되었다.

1970년대　방치되어왔던 식품첨가물, 잔류 농약 등이 인체에 영향을 끼치기 시작하자 소비자의 건강에 여러 가지 문제가 발생했고, 이로부터 소비자 운동이 일어나기 시작했다. 70년대 후반에는 유해 요소가 많은 첨가물 AF₂나 살리실산, 합성 착색료 일부, 농약의 DDT(dichloro diphenyl trichloro ethane), BHC(benzene hexachloride) 등의 사용을 금지했다.

1980년대　유해 요소가 많은 화학 물질 외에도 이스트푸드yeast food인 취소산臭素酸 칼륨, 보습제인 프로필린글리콜propylene glycol 등의 첨가물이나 농약에 대한 불안이 다시 고개를 들기 시작했다.

1990년대　기존의 첨가물이나 농약 등의 문제가 O-157로 인한 식중독이나 환경호르몬, 특히 다이옥신에 대한 불안이나 유전자 조작GMO 식품에 대한 유해성 문제로 바뀌어 나타난 시대였다. 또한 원칙적으로 식품첨가물의 이름을 전면에 표시할 것을 의무 사항으로 규정했으며, 지금까지의 첨가물 지정 대상이었던 합성 첨가물뿐만 아니라 천연 첨가물도 사용을 허가하게 되었다.

2000년대 전반　광우병의 발생, 식품 위장 표시, 수입 냉동 시금치에 묻어 있는 농약, 무허가 첨가물 사용, 미등록 농약 사용 등의 문제가 있었다. 또한 유제품 생산 식품 기업의 도덕성 문제가 대두되고, 식품 표시에 있어서의 부정행위로 신뢰가 땅에 떨어졌다. 한편 이 시기는 식품에 관한 법제도를 새롭게 고쳐 시행하기 시작한 시기이다.

유해 물질을 계속 섭취해도 건강하다?

1960년대에서 1970년대의 흐름을 살펴보아 알 수 있듯이, 우리는 유해 물질을 먹으며 살아왔다. 그러나 몇 년이 지나도 건강에 특별한 이상이 나타나지 않고, 모두 건강하게 생활하고 있으며 평균수명도 연장되고 있다. 그 이유가 무엇인지 항상 내 머릿속에 의문으로 남아 있었다.

1978년 도쿄 소비자센터의 시험연구실장으로 있을 때였다. 시판 테스트로 실시한 레몬 첨가물의 용출 테스트에서, TBZ가 예상 이상의 용출률을 보인다는 것을 알게 되었다. 그리고 우리가 많은 유해 물질을 섭취해온 데 비해 건강한 이유는, 뜻밖에 지금까지의 식생활에서 유해 물질을 줄이는 조리법을 활용하면서 살아왔기 때문일지도 모른다고 생각이 들었다.

그래서 1978년, 쉰셋이란 나이에 도쿄 소비자센터 시험연구실을 그만두고, 집 안에 작은 실험실을 만들어 조리에 따른 유해 물질 제거 테스트를 하기 시작했다. 테스트를 반복하는 동안 식품에서 유해 물질을 줄이는 방법이 여러 가지 있다는 것을 알게 되었다. 그리고 1800년대 후반부터 1990년대 이전까지 어머니나 할머니들이 식사 지도를 할 때 당연하게 행해왔던 조리 속에 여러 가지 독성을 제거하는 요령이 숨어 있었다는 것을 알게 되었다. 이런 깨달음을 얻고 나니 먼저 조리법을 알아야할 것 같았고, 그래서 조리학교에 청강생으로 다니기 시작했다.

그곳에서, 사전 처리 과정에 독성을 제거하는 원리가 많이 들어 있다는 것을 다시금 깨닫게 되었다. 내가 오랜 기간 품어온, 유해 물질을 먹고서도 왜 건강한지에 대한 의문이 풀린 것이다. 그러나 동시에 사전 처리에서 제거할 수 있는 독성에도 한계가 있다는 것도 알게 되었다. 건강에 해가 되는 유해 물질이 음식 속에 남아 있는데도 현재까지 어떻게 건강을 유지해 올 수 있었는지 의문이 생기기 시작했다.

전통 음식은 안전하다

그 무렵(1995년경) 만병의 근원인 '활성 산소'가 문제시되기 시작했다. 체내의 활성 산소는 농약, 항균성 물질, 식품첨가물, 다이옥신 등이 몸에 남아 발생하는 것이다.

사전 처리로도 제거할 수 없는 유해 물질이 체내의 활성 산소 발생에 크게 관여하고 있음을 추측할 수 있었다. 동시에 활성 산소의 해를 줄이는 데에는 '전통 음식'이 최고라는 생각이 들었다. 특히 마른 가다랑어포를 뿌린 시금치 무침이나 시금치 깨무침은, 활성 산소를 줄이는 최고의 *스카벤저scavenger 요리라는 것을 알 수 있었다.

그래서 조리학교에서 배운 된장 무조림, 두부조림 등의 요리가 떠올라 여러 가지 방법으로 조사해보았다. 이들 요리에는 모두 활성 산소를 줄이는 스카벤저 효소를 만드는 성분, 즉 스카벤저 비타민이나 스카벤저 성분이 풍부하게 들어 있다는 것을 알 수 있었다.

두말할 필요도 없이 지금까지 우리의 모든 요리는 어머니, 할머니의 손맛이 밴 항산화 요리, 즉 스카벤저 요리였다.

식품의 사전 처리에서도 제거되지 않던 유해 물질이 체내에 들어가도 건강하게 살 수 있었던 이유는, 우리가 이러한 스카벤저 요리를 먹고 살아왔기 때문이다.

1960년대에서 1970년대의 유해 물질을 계속 먹어왔음에도 불구하고

스카벤저
활성 산소는 강한 산화력이 있어서 신체에 해를 입힌다. 스카벤저는 이것에 대응하는 힘인 '항산화력'을 말한다.

아직도 건강하게 살아갈 수 있는 것은, 어머니와 할머니가 날마다 만들어준 식사 덕분이었음을 깨달으며 깊이 감사하고 있다.

이 책의 1장에서는 알아두면 득이 되는 여러 가지 유해 요인들, 2장과 3장에서는 유해 물질로부터 자유롭게, 똑똑하게 먹는 방법을, 4장에서는 활성 산소를 없애는 스카벤저 요리 30가지를 정리했다. 예전 어머니, 할머니들의 식품 사전 처리 방법과 요리는 지금도 통용되는 유해 물질의 해를 줄이는 원리, 즉 위대한 지혜인 것이다.

안전하고 안심되는 음식을 위하여 여기에서 어머니와 할머니의 지혜를 빌려, 젊은 사람들에게도 알려주고 매일 식사에서 잘 활용하기를 바란다.

여성들이여, 가슴을 펴라! 당신들의 요리에는 안심하고 먹을 수 있게 하는 지혜, 그 전통이 이어져 내려오고 있다.

똑똑하게 먹는 50 가지 방법

유해 물질과 활성 산소 없는
밥상 만들기

추천사 부엌에서 세상을 바꿀 수 있다_박명숙 **5**
머리말 **11**

01 당신의 밥상은 안전합니까?

1. 인체에 영향을 주는 음식물 속의 유해 물질들 24

　잔류 농약 – 살균제·살충제·제초제 **24**

　채소의 초산염 – 화학비료 과다 사용 **25**

　항균성 물질 – 합성 항균제·항생 물질 **26**

　여성호르몬 – 호르몬제 **26**

　광우병 – 감염된 소로부터의 감염 **27**

　식품첨가물 – 가공·보존·착색·산화 방지 등 약 1530항목 **27**

　수입 식품 – 사용 금지된 농약·첨가물 **28**

　유전자 조작 식품 – 알레르기 물질 및 생태계의 변화 **30**

　식품 표시 위장 – 여러 가지 형태의 위법 **30**

　환경호르몬 – 용기 포장·환경오염 물질에 의한 식품 오염 **31**

　활성 산소 – 세포에 강력한 산화 물질 발생 **32**

2. 식생활에서의 불안 해소! 3단계 대책   33

STEP 1 올바른 식재료 선별

채소·과일류   34

1 식품 표시 선별법 | **2** 제철 식품 선택 | **3** 잎채소 선택법

육류   36

1 쇠고기 | **2** 돼지고기 | **3** 닭고기

어패류   40

1 식품 표시를 활용하면서 선택하는 방법

가공식품   42

1 식품첨가물의 장단점 분별법   **2** 유전자 조작 표시 없는 가공식품 선택법

STEP 2 사전 처리로 독성 제거

간단한 테스트로 알아보는 독성 제거 효과   45

공적 테스트로 알 수 있는 독성 제거 효과   54

STEP 3 음식의 유해 요소를 줄이는 올바른 섭취 방법

체내의 녹 '활성 산소'   59

활성 산소를 줄이는 구체적인 식재료   62

1 스카벤저 효소란   **2** 스카벤저 비타민이란   **3** 스카벤저 성분이란

02 똑똑하게 먹는 50가지 방법

안심하고 먹을 수 있게 하는 지혜   68

1. 냉수, 온수, 소금을 사용하는 13가지 방법   69

1) 거품 제거하기   2) 불순물 제거하기   3) 담가두기   4) 문지르기   5) 칼집 넣기

6) 기름기 제거하기   7) 데치기   8) 살짝 데치기   9) 삶기

10) 끓인 물을 이용한 껍질 벗기기   11) 유히키   12) 강상   13) 냉수에 헹구기

2. 유해 물질을 줄일 수 있는, 써는 방법 23가지   78

1) 둥글게 썰기   2) 반달 썰기   3) 은행잎 썰기   4) 주사위 썰기

5) 굵게 다지기   6) 다지기   7) 색종이 썰기   8) 나박 썰기   9) 빗 모양 썰기

10) 성냥개비 썰기   11) 동글게 썰기   12) 마구 썰기   13) 깍둑 썰기

14) 채 썰기   15) 돌려 깎기   16) 백발 썰기   17) 연필 깎기 썰기

18) 잔 칼집 썰기   19) 자바라 썰기   20) 국화 모양 썰기   21) 차선 모양 썰기

22) 비스듬히 비껴 썰기   23) 긁어내어 깎기

3. 조미료를 활용하는 5가지 방법   86

1) **소금**으로 하는 사전 처리   86

(1) 흩뿌리기   (2) 버무리기   (3) 채소 절이기   (4) 생선 절이기

(5) 소금물에 담그기   (6) 소금물에 데치기

2) **식초**로 하는 사전 처리   89

(1) 감초 절임   (2) 식초로 씻기   (3) 초절임   (4) 희석초

3) **간장**으로 하는 사전 처리   91

(1) 간장에 씻기   (2)희석 간장

4) **된장**으로 하는 사전 처리   92

(1) 된장절임

5) **술지게미 절임**을 이용한 사전 처리   92

(1) 술지게미 절임

4. 조리의 사전 처리 9가지   93

  1) 비늘 벗기기   2) 껍질 벗기기   3) 긁어내기   4) 핏물 제거   5) 살을 단단하게 하기

  6) 세정   7) 등 내장 제거   8) 씻기   9) 센 불에서 거리를 두고 굽기

03 무심코 먹지 마라

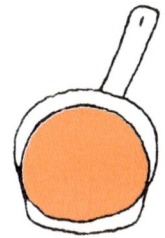

1. 채소   100

사전 처리로 줄일 수 있는 채소의 주요 유해 물질   100

남아 있는 농약 성분 ┃ 초산염 ┃ 다이옥신

1) **잎채소**의 사전 처리 안심 포인트   **101**

(1) 양배추   (2) 양상추   (3) 상추   (4) 시금치   (5) 소송채   (6) 쑥갓

(7) 배추   (8) 청경채   (9) 신선초   (10) 모로헤이야

2) **뿌리채소**의 사전 처리 안심 포인트   **107**

(1) 양파   (2) 감자   (3) 고구마   (4) 토란   (5) 산마   (6) 당근   (7) 우엉

(8) 무   (9) 순무   (10) 연근

3) **열매채소**의 사전 처리 안심 포인트   **112**

(1) 오이   (2) 피망   (3) 토마토   (4) 가지   (5) 단호박   (6) 오크라

4) **줄기채소**의 사전 처리 안심 포인트   **116**

(1) 대파   (2) 콩나물   (3) 그린 아스파라거스   (4) 셀러리   (5) 부추

5) **화채소**의 사전 처리 안심 포인트   **119**

(1) 브로콜리   (2) 콜리플라워

6) 두류, 버섯류의 사전 처리 안심 포인트   **120**
(1) 청대콩   (2) 꼬투리 완두   (3) 꼬투리 완두콩   (4) 생표고버섯

2. 과일   123
사전 처리로 줄일 수 있는 과일의 주요 유해 물질   123
(1) 딸기   (2) 사과   (3) 레몬   (4) 그레이프프루트   (5) 귤   (6) 멜론   (7) 바나나
(8)체리   (9) 포도   (10) 복숭아   (11) 배

3. 육류   129
사전 처리로 줄일 수 있는 육류의 주요 유해 물질   129
항균성 물질·여성호르몬 | 유기염소계 농약·다이옥신
(1)쇠고기 (2)돼지고기 (3)닭고기 (4)저민 고기 (5)간

4. 어패류   135
사전 처리로 줄일 수 있는 어패류의 주요 유해 물질   135
유기수은 | 유기주석 화합물·항균성 물질 | 염소계 화학 물질·다이옥신
(1)생선   (2)조개

5. 쌀   139
사전 처리로 줄일 수 있는 쌀의 주요 유해 물질   139
(1) 쌀의 사전 처리 안심 포인트

6. 가공식품   141
사전 처리로 줄일 수 있는 가공식품의 주요 유해 물질   141

(1)생라면   (2)컵라면   (3)햄, 베이컨   (4)위너 소시지   (5)햄버거
(6)어묵, 어묵튀김   (7)튀김   (8)절임류   (9)녹차

04 활성 산소를 없애는 스카벤저 요리 30가지

몸의 녹을 제거하는 스카벤저 요리란?   **148**
1 스카벤저 효소를 체내에서 만들기
2 스카벤저 비타민과 스카벤저 성분을 체내에 섭취하기

안심하고 먹을 수 있는 옛 맛 요리   **151**
고기 감자 조림 | 방어 무조림 | 방어 양념구이 | 고등어 된장 조림 | 야채튀김 | 달걀찜 |
두부전골 | 두부 무침 | 닭고기 조림 | 정어리 매실 장아찌 조림 | 참치회 된장 무침 |
고등어 튀김 | 닭고기 요리 | 무 된장조림 | 소송채 유부조림 | 부추 달걀찜 | 오곡 돌솥밥 |
흩뿌림 초밥 | 지리 냄비 | 굴 진미 된장 전골 | 대구 전골 | 조갯살과 쪽파를 넣은 된장 무침 |
오이와 미역 초무침 | 돼지고기 된장국 | 겐친국 | 녹미채와 튀긴 두부조림 |
무말랭이 조림 | 우엉조림 | 뿌리 소송채와 김무침 | 시금치 무침

맺는말   **193**
옮긴이의 말   마음 놓고 먹을 수 있는 세상을 바라며 _ 황지희   **195**

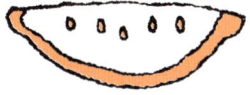

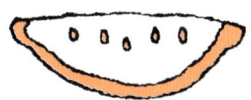

01 당신의 밥상은 안전합니까?

먹거리 안전이 범국민적 관심사가 되고 있다. 농약, 항생 물질, 호르몬제, 식품첨가물, 환경호르몬, 활성 산소……. 인체에 유해한 물질들이 음식물 속에서 우리 몸을 노리고 있다. 마음 놓고 먹는 것이 점점 힘들어지는 세상 ―. 모두 직접 길러 먹어야 한단 말인가. '잘 먹고 잘 사는 법', 어렵기만 하다. 이제 무엇을, 어떻게 먹어야 할까?

당신의 밥상은 안전합니까?

1. 인체에 영향을 주는 음식물 속의 유해 물질들

잔류 농약 – 살균제 · 살충제 · 제초제

농약에는 병균을 막는 살균제, 해충을 막는 살충제, 잡초를 막는 제초제 등이 있다. 국가에서는 이들 약 300종에 대해 사용을 허가하고 있다.

잔류 농약에서 발생하는 유해 물질의 예로는 채소·과일 등의 농약 성분, 육류의 농약 성분, 포스트하비스트postharvest 농약 성분이 있다.

이에 대하여 더 자세히 알아보자.

1 채소·과일의 농약 성분

시중에 출하하기 위한 채소와 과일은, 이를 재배한 농가에서도 자기 가족은 먹지 않는다고 말할 정도로 많은 양의 농약을 치기도 한다. 이러한 농약이 분해되지 않고 남아 있을 가능성이 있다. 비닐하우스에서 재배한 채소는 농약 사용량이 특히 많은데, 이 농약 성분은 자외선에 의해 잘 분해되지도 않기 때문에 더욱 유해하다.

2 육류에 남아 있는 유기염소계 농약 성분

십여 년간 사용이 금지되었던 유기염소계 농약은, 분해율이 낮아 토양에 남아 있기 쉽다. 벼에 흡수되면 볏짚을, 해수에 유출되면 물고기를 오염시킨다. 소나 돼지나 닭이 이 유기염소계 농약으로 만든 사료를 먹으면 오염되어 지방 속에 축적되기 때문에 해로운 식품이 되는 것이다.

3 *포스트하비스트 농약 성분

'수입 식품 – 사용 금지된 농약·첨가물' 부분 28쪽에서 다룬다.

이상이 농약의 잔류성으로 인한 유해 요인이다. 농약은 인체를 위협하는 발암 물질과 독성 물질을 발생시켜 기형아를 낳을 우려가 있다.

채소의 초산염 – 화학비료 과다 사용

화학비료를 과다 사용한 결과, 대기 중의 질소산화물이 증가하면서 고농도 초산염이 들어 있는 채소(특히 잎채소)가 많아졌다. 초산염은 따뜻한 입 안에서 타액과 반응하여 아초산염으로 바뀌며, 체내에 들어가 티아민thiamine류(어패류에 많은 성분)와 반응하여 니트로소아민nitrosoamine이

포스트하비스트postharvest
수확 후 저장, 수송 상태의 시간을 벌기 위해 제초제 따위의 농약을 뿌려서 성장 억제의 목적으로 사용하며 주로 수입 농산물, 특히 미국에서 수입하는 농산물에 다수 포함되어 있다. 우리나라에서는 일반적으로 유독성 농약은 수확 후에 사용하지 않는다. 여러 가지 이유가 있겠지만 국내에서 소비되는 농산물의 경우 장기간 보관이 필요치 않기 때문이기도 하다.

라는 발암 물질을 발생시킨다. 그러나 유기 재배를 할 때 채소의 초산염은 적어진다.

항균성 물질 – 합성 항균제·항생 물질

항균성 물질은 합성 항균제와 항생 물질이다. 소, 돼지, 닭이나 생선 오염의 요인이 된다.

1 소, 돼지, 닭

비료에 첨가물을 섞거나 주사하면 그것이 가축의 살 또는 내장에 남게 된다.

2 생선

지나치게 양식함으로써 발생한 어류의 질병을 예방·치료할 목적으로 비료에 항균성 물질을 섞어주어, 그 성분이 생선의 체내에 남는다.

항균성 물질은 체내에서 알레르기와 약제 내성균을 번식시키는 등 건강 장애를 일으킨다. 한편, 중국산 장어에서도 기준치를 웃도는 항균성 물질이 검출되어 문제가 되고 있다.

여성호르몬 – 호르몬제

수소의 육질을 암소의 그것과 같이 부드럽게 만들기 위해서, 귀뿌리의 피하에 여성호르몬을 주사한다. 이것이 체내에 남을 우려가 있다.

여성호르몬이 체내에 지나치게 쌓이면, 가슴이 커지거나 생리가 너무 빨리 시작되는 등 여자 아이의 제2차 성징을 촉진할 위험이 있다. 또한 성인 여성이 섭취하면 발암 확률이 높아진다.

광우병 – 감염된 소로부터의 감염

광우병은 1986년 처음으로 영국에서 발견되어, 그 후 유럽에 널리 퍼진 증상이다. 체내에서 프리온prion이라는 단백질이 어떤 이유 때문에 이상 형태로 변화할 때 발생하는 것으로 알려진다.

소가 광우병에 걸리는 주요 원인은 비료 속에 들어간 육골분 때문으로 추정되나, 아직 확실한 것은 아니다. 광우병의 유해 요인은 광우병에 감염된 소를 먹었을 때 그 질병이 인간에게 감염될 가능성이 높다는 것이다. 위험 부위는 뇌, 척수(등골), 눈, 회장 부위(소장 마지막 부위)이다.

광우병은 인간에게 감염될 가능성이 높으나, 평상시 먹고 있는 쇠고기나 유제품에는 문제가 적고, 인간에게 감염될 확률도 적다.

식품첨가물 – 가공·보존·착색·산화 방지 등 약 1530항목

식품첨가물은 식품의 가공이나 보존을 위해 제조 과정에서 첨가하는 것이다. 색을 선명해 보이게 하기 위한 것, 부패 방지를 위한 것, 맛을 더하기 위한 것, 산화 방지를 위한 것 등 종류도 다양하다.

식품첨가물의 유해 요인은 다음 두 가지를 생각해보아야 할 것이다.

1 인체에 끼치는 해

기본적으로는 발암성이다. 칼슘 부족을 촉진하여 뼈의 이상 형성을 발생시키거나 철분의 흡수를 방해하여 빈혈을 일으키는 인산염과 같은 위험한 첨가물도 있다. 최근 이 식품첨가물은 만병의 근원인 활성 산소를 발생시키는 원인 중 하나로 알려졌다.

2 인격 형성의 장해

첨가물, 특히 *보존료(소르빈산, 소르빈산칼륨 등이 있다)를 사용하면 무엇보다도 음식의 질이 떨어진다. 이것으로 달게 만들거나, 짜게 만들거나, 진미조미료(글루타민산)를 잔뜩 넣어 맛을 속인다. 즉 여러 가지 종류의 식품을 섭취한다 하더라도 실제로는 같은 맛만 보는 셈이다.

같은 맛만 보면 미각세포의 동일 세포만 발달하거나, 그 부위만 자극을 받게 된다. 그러면 타인의 입장을 고려하지 않거나 시야가 좁은 성격으로 바뀌어, 항상 욕구불만 상태로 폭력적이고 화를 잘 내는 성격이 형성되기 쉽다고 한다. 우리 주변에서 흔히 볼 수 있는 폭력 사건의 원인은 근본적으로 식생활에서 비롯된다고 해도 과언이 아닐 것이다.

수입 식품 – 사용 금지된 농약·첨가물

국내에서 소비되는 식품의 약 40%가 수입 식품이라고 한다. 그러면 수입 식품에는 어떤 유해 요인이 있는지 알아보자.

1 금지된 농약 사용

현지에서 금지되고 있는 유기염소계 농약이 미국에서는 허가·살포되고 있다. 또한 우리와 비교해서 다른 나라, 특히 미국에서는 잔류 농약의 기준치가 높은 것이 많다. 육류에 농약 성분이 남아 있는 것도 있다.

2 포스트하비스트

수확 후 농약을 살포하는 포스트하비스트는 우리에게 인정되지 않는다.

금지된 농약의 잔류 농도가 높은 검출 예가 있음에도 불구하고 그러한 검사 체계가 제대로 갖추어져 있지 않다.

또한 수입되는 농작물에는 미국 내에서도 사용이 금지되어 있는 취화 메틸methyl bromide이, 많이 사용되어 검출되고 있다.

③ 허가되지 않은 첨가물 사용

수입 레몬이나 오렌지 등에는 반드시 방부제가 사용되고 있다. 또한 미국에서는 건포도나 마른 살구의 곰팡이를 방지하기 위해 원래 농약으로 쓰이는 *캡탄을 첨가물로 사용한 사실을 인정했으며, 실제로 검출되기도 한다.

④ 유전자 조작 농작물

30쪽 '유전자 조작 식품'에서 설명한다.

⑤ 중국에서 수입되는 냉동 시금치 또는 채소에서 검출되는 기준치 초과 잔류 농약

일본에서는 중국에서 수입되는 냉동 시금치의 일부에서 유기인산계 농약 클로르피리포스chlorphyrifos나 유기염소계 살충제 딜드린dieldrin이 기준치를 상당량 초과하여 검출되고, 다른 채소(껍질콩, 깻잎, 깍지콩, 부추 등)에서도 기준치를 넘은 유기인산계 농약이 검출되었다.

그 원인은 식품위생법상의 수입 검사 대상에 잔류 기준이 있는 생채

캡탄captan

염소계 살균제. 채소의 종자 소독이나 병해, 관상용 식물의 병해, 하우스 재배의 훈연(살충제에 불을 붙여 연기와 함께 성분을 날려 보내는 것)에 사용된다. 보리나 감자류에는 사용이 금지되었다. 물로 씻으면 쉽게 씻겨 나가지만, 국제농약행동네트워크PAN에서는 발암 위험성이 있으므로 종자 소독에만 사용할 것을 요구한 바 있다.

소만 해당하고, 사전 처리를 한 냉동식품 등은 가공식품으로 취급하여 검사 대상에서 제외시켰기 때문이다. 또한 냉동 채소가 아니라 해도 수입 식품의 검사 체제가 따라오지 못하는 데다, 문제가 생긴 채소의 유통을 금지하더라도 이제까지의 식품위생법에서는 특정 나라의 특정 품목 전체에 대해 포괄적으로 수입을 금지할 수 없었기 때문이다.

유전자 조작 식품 – 알레르기 물질 및 생태계의 변화

*유전자 조작 작물은 세포의 핵에서 유전자 정보를 빼내 DNA에서 '해충에 강하거나', '특정 제초제에 저항력이 있는' 등 여러 목적에 맞는 유전자를 취하여 다른 생물의 세포에 조합한 기술로 만들어진 작물이다.

일본에서는 현재 두부, 유채 씨, 옥수수, 감자, 면실 등 5종류가 시장에 출하되고 있으며, 판매 중인 유전자 조작 식품은 모두 수입품이다.

우선, 유전자 조작 식품은 알레르기를 일으킬 수 있다. 그리고 새로운 유전자에 생성된 단백질이 알레르기의 새로운 원인 물질이 될 우려가 있다. 그 외에 생태계에 미치는 영향도 무시힐 수 없다.

식품 표시 위장 – 여러 가지 형태의 위법

일본에서는 광우병 대책의 일환인 재고 쇠고기 매수 제도를 악용한 식품 위장 표시 사건 이후, 위장 표시가 속출했다.

예를 들어, 원산지 표시를 위장한 사건은, 수입 쇠고기를 국산 우육으로 위장한 사건, 브라질산 닭고기를 국산으로 위장한 사건, 미국산 돼지고기를 국산으로 표시한 사건, '송판우'나 '미택우'로 표시한 콘비프 통조림에 다른 쇠고기를 섞은 사건, 13호산 가막조개에 다른 지역 산 가막조개를 혼합한 사건, 브랜드 쌀 100%로 표시하면서 산지나 명칭이 다른

유전자 조작

우리나라의 경우 1996년 이래 아무런 조치나 표시 없이 콩, 옥수수 등의 GMO(유전자 조작 식품)을 먹어왔다. 2001년부터 표시제가 시행되면서 소비자들에게 GMO에 대한 표시 조항이 마련되었으나 아직도 다른 나라에 비해 GMO에 대한 인식이 낮고, 정부의 대응도 미흡하다. 또한 유럽이나 미국, 홍콩 등에서는 GMO를 사용하지 않기로 선언한 기업들이 정작 우리나라에서는 아무 대응도 하지 않는 실정이다. 아직까지 국내에서는 유전자 조작 식품을 만들지는 않지만, 앞서 언급했듯이 대표적으로 콩, 옥수수, 밀가루 등의 수입품들은 유전자 조작으로 만들어진 식품들을 수입하여 사용하고 있다.

쌀을 혼합한 사건 등이다.

또한 부당경쟁방지법 위반으로는, 항생 물질을 사용한 국산 닭고기를 무농약 사료로 사육한 토종닭이라고 표시한 사건, 유전자 조작 미사용 표시 상품에서 유전자 조작 농작물의 DNA가 검출된 사건 등이 있다. 끊임없이 발생하는 식품 위장 표시 사건으로 식품 표시에 대한 신뢰도가 떨어졌다.

환경호르몬 – 용기 포장·환경오염 물질에 의한 식품 오염

환경호르몬이란 외인성 분비 교란 화학 물질로서, 외부에서 인간의 체내에 들어와 호르몬과 같은 작용을 하는 화학 물질을 말한다. 용기 포장에서 *용출되어 식품을 오염시키는 경우, 환경오염 물질에 의해 식품이 오염되는 경우 등이 있다.

1 용기 포장에서 용출된 데 따른 식품 오염

용기 포장에서 용출되는 환경호르몬 물질에는 *비스페놀에이bisphenol A, *파살릭산에스테르pathalic acid ester, *스티렌다이머styrene dimer와 스티렌트리머 styrene trimer가 있다.

2 환경오염 물질에 의한 식품 오염 물질

*다이옥신, PCB, 클로르데인chlordane, DDT, TBT 등이 있다. PCB나 클로르데인, DDT, TBT 등은 현재 생산이 금지되어 있다. 가장 문제가 되는 것은 다이옥신이다.

용출
금속 혼합물 따위를 가열하여 그 성분을 분리하는 조작 또는 그때 일어나는 현상. 가공되지 않은 금속을 정제하는 데 이용한다.

비스페놀에이
폴리카보네이트polycarbonate 수지의 원료이다. 여성호르몬과 같은 작용을 한다. 폴리카보네이트제의 식기나 젖병에서 용출되기도 하며, 학교 급식의 식기에서 발견되기도 한다.

파살릭산에스테르
염화비닐 가소제로, 부드러움이나 탄력을 주는 첨가물이다. 생식 장애를 일으킨다.

스티렌다이머와 스티렌트리머
폴리스틸렌 수지에 들어 있다. 여성호르몬과 같은 작용을 한다. 발포폴리스틸렌제의 컵라면 용기에서 용출되는 경우가 있다.

다이옥신
염소·수소·탄소·산소에서 생성된다. 이러한 원소가 들어 있는 쓰레기를 태우면 발생한다. 따라서 염소가 함유되어 있는 염화비닐의 사용을 제한해야 한다는 의견도 제시되고 있다. 최기형성 및 발암성 등의 우려가 있는 다이옥신은 대기오염과 더불어 토지나 해수를 오염시켜서, 축산물이나 어류의 지방에 축적되어 있다가 인체에 해를 입힌다.

활성 산소 – 세포에 강력한 산화 물질 발생

활성 산소는 호흡에 의해 흡수된 산소가 전자구조적으로 변화하여 세포 등을 강하게 산화시키는 산소를 말한다. 적당량의 활성 산소는 필요하고 유익하기도 하지만, 그 양이 많아지면 악성 활성 산소가 된다. 활성 산소는 암, 뇌졸중, 심근경색, 아토피성 피부염, 간염, 치매 등 만병의 원인이 된다.

체내에서 활성 산소가 발생하는 원인은, 담배 연기나 대기오염 물질 섭취, 자외선, 전자레인지 등의 전자파나 스트레스 등이다. 그중에서도 가장 큰 원인 가운데 하나는 식품첨가물이나 농약, 항균성 물질이다. 체내에서 발생하는 활성 산소를 방지하기 위해서는, 활성 산소를 없애는 항산화 물질(스카벤저)이 필요하다. 이것들은 우선 체내에 스카벤저 효소를 만들어서 활성 산소를 없앤다.

특히 체내에 남아 있는 활성 산소는 스카벤저 비타민으로 제거할 수 있다. 그래도 제거되지 않으면 스카벤저 성분을 이용해 없앤다. 이하 스카벤저 효소를 만들어내는 성분이나 스카벤저 비타민, 스카벤저 성분이 들어 있는 요리를 '스카벤저 요리'라고 부르기로 한다.

4장에서 좀 더 자세히 소개하겠다.

2. 식생활에서의 불안 해소! 3단계 대책

각지에서 벌인 강연·통신·강좌를 들은 학생들에 대한 조사를 통해 알수 있는 사실은, 참가자의 약 90%가 식생활의 안전을 행정이나 기업에 의존하고 있다는 것이다. 스스로의 힘으로 안전 확보에 노력하는 사람은 10% 정도밖에 되지 않았다. 앞서 말했듯이 행정이 기업을 의지하고 기업이 법을 지키려는 도덕 수준이 낮아졌으며 식품 표시에서 신뢰도가 떨어졌음을 생각해보면, 우리 가정의 식생활 안전을 지키는 것을 타인에게 맡겨서는 안 된다. 즉 일상적인 장보기부터 식단을 짜는 것까지 세심하게 신경을 써야 할 것이다.

STEP 1 식재료의 선별법－안전한 식재료를 고르기 위해 알아둘
　　　　　기초 지식

식품 표시를 시작으로 계절이나 산지, 피해야 할 첨가물 등 안전성을 분별할 수 있는 약간의 노하우를 알고 있다면, 음식을 섭취하기 전에 음식물로부터 생기는 불안감을 줄일 수 있다.

　그래도 유해 요소가 완전히 사라지지는 않는다. 그러나 여기서 포기할 필요는 없다. 그것은 스텝 2에 나와 있다.

STEP 2 식재료의 사전 처리－식재료의 사전 처리로 음식에 대한
　　　　　불안감을 줄인다

물에 씻기, 유해 물질이 축적되기 쉬운 부분 떼어내기, 데치기, 가열 중에 발생하는 거품 걷어내기 등 2장 '똑똑하게 먹는 50가지 방법'을 마스터하자. 이것만으로는 충분하지 않으며, 다음의 스텝 3도 필요하다.

STEP 3 섭취법 연구 – 올바른 섭취법으로 음식에 대한
　　　　　 불안감을 해소한다

식품의 선택법이나 사전 조리에서 신경을 써도, 남은 유해 물질은 체내에 들어가 활성 산소를 일으키는 원인이 된다. 여기서는 식재료 선택법이나 음식물의 조합을 연구하여 체내의 활성 산소를 줄이고 남은 음식이 주는 유해 요인을 해소한다. 이 스텝3이 안전의 결정판이다. 이제 구체적으로 설명하겠다.

STEP 1 올바른 식재료 선별법

여기서는 식재료의 선별법으로 무엇보다 기초가 되는 식품 표시를 활용하는 법을 소개하고자 한다.

채소·과일류

1 식품 표시 선별법

채소와 과일에 원산지 표시가 의무화되었다. 국산품은 생산지까지 표시하도록 하고 있다. 수입품은 원산 국가명을 표시해야 한다.

🖐 **채소·과일은 산지 표시와 재배자 이름 등을 정확하게 확인할 것**

　'○○도', '○○면' 산의 채소, 과일을 선택한다. 재배자의 이름까지 표시되어 있다면 더욱 좋다. 현재 채소나 과일의 재배 농약 테스트가 각 도, 시, 면, 리나 각지에서 행해지고 있다. '○○

도 ○○면'이나 재배자 이름까지 표시되어 있는 채소나 과일은 '언제 검사가 시행되어도 상관없다'라는 뜻으로 농약이 남아 있을 불안도 적다.

인증 마크를 확인할 것

유기농산물인지 아닌지는 한마디로 *유기농산물 마크가 표시되어 있는지 아닌지로 알 수 있다. 마크가 없는 것은 우선 가짜라고 생각하면 된다. 또 '오르가닉 표시'는 *코덱스CODEX가 결정한 오르가닉 기준에 따라 법규를 만들어 검사하여 인정을 받은 것만 허가한다.

저농약 농산물은 농림부의 기준 표시를 한 것

저농약 재배 농산물은, 농림부가 설정한 가이드라인 중에서 특별 재배 농산물 기준의 하나이다. 특별 재배 농산물에는, 저농약, 저화학비료, 무화학비료의 재배 농산물이 있다. 유기농산물은 조건이 까다롭고 기준도 설정되어 있으나, 저농약 재배 농산물에는 규정이 완화되어 있기 때문에 유기농산물보다 재배하기 쉬워 현재 시장에서 많이 볼 수 있다.

소비자센터에서 실시한 채소의 잔류 농약 검사 결과를 보면, 가이드라인에 기초하여 표시된 농산물이 일반 농산물보다 잔류 농약이 적다는 결과도 나온다. 여기에 일반적인 것과 가격 차이도 없다면 저농약 가이드라인 표시가 있는 것, 특히 해당 지역이 표시된 저농약 채소를 선별하는 것이 좋다. 이 표시는 더욱 큰 신뢰를 준다.

유기농산물 마크

이외에도 '전환기 유기농산물' '무농약 농산물' '저농약 농산물' 인증 마크가 있다. 농림부 산하 국립농산물 품질관리원 등에서 인증 업무를 주관한다.

코덱스
식량농업기구FAO와 세계보건기구WHO의 협동조합을 일컫는다.

2 제철 식품 선택

제철 채소는 생육이 빨라 그만큼 농약 사용량이 적다. 또한 비닐하우스나 비닐 터널을 이용한 재배는, 자연 재배에 비해 농약 성분이 남아 있는 기간이 길고 농도도 높다. 농약은 자외선에 의해 많이 제거되는데, 이는 비닐하우스나 비닐 터널에서는 자외선이 차단되기 때문이다.

3 잎채소 선택법

잎이 너무 많이 피어 있거나 색이 진한 것, 잔털이 적은 것, 굵은 곧은뿌리가 똑바로 나 있는 것은 피하지. 이것은 화학비료를 많이 사용했을 때 나타나는 특징이다. 농약을 많이 사용한 경우에 볼 수 있다.

육류

육류(쇠고기, 돼지고기, 닭고기)에는 포장지에 생산지, 부위, 용도 등의 표시가 되어 있어 어느 정도 선별하기가 쉽다.

1 쇠고기

☑ 산지·메이커별 안심도 체크

일반 쇠고기

일반 쇠고기는 홀스테인holstein 등 젖소 종의 수컷을 거세하여 육식용으로 만든 것이다. 육질을 부드럽게 하기 위해서 여성호르몬제나 항균성 물질이 투여되었을 우려가 있다. 'oo산 쇠고기' 등 산지명이 기입되어 있다. 참고로, 일본에서는 외국에서 생산·발육된 소라 해도 살아 있는 상태에서 수입하여 육가공 처리한 것은 일반 쇠고기로 취급하고 있다.

수입 쇠고기

수입 쇠고기는 일반 쇠고기와 비교해서 항균성 물질이 들어 있을 염려가 높다. 미국산, 캐나다산은 지방의 색이 흰 것이 특징이고 구이용으로 적합하다. 곡물 사육 쇠고기와 방초 사육 쇠고기로 나뉜다. 호주산, 뉴질랜드산은 방초 사육이므로 지방의 색이 황색인 것이 특징이다. 수입육은 풍미가 약간 적으므로 조림 등에 사용하면 좋다.

지방이 적은 부위를 선택한다!

고기의 지방 부위에는, 일단 섭취하면 체내 지방에 축적되거나 체외로 배출되기 어려운 유기염소계 농약(특히 딜드린, DDT, BHC)과 다이옥신 성분이 남아 있는 경우가 많기 때문이다.

요리에 따른 산지 선택

일반 쇠고기는 불고기, 갈비찜, 갈비탕, 카레, 쇠고기덮밥, 두부감자조림 등 요리의 독성 제거 과정이 있는 것에 사용할 수 있다.

수입 쇠고기는 독성 제거가 가능한 과정과 맛을 고려하여 조림, 스튜, 수프 등에 이용할 수 있다. *와규는 스테이크, 스키야키, 샤브샤브 등 모든 요리에 적합하다.

와규
일본의 고가용 쇠고기이며 일부 백화점에서 판매하고 있다. 우리나라에는 특등급, 일등급, 이등급 순서로 고기의 품질을 구분하고 있다.

2 돼지고기

☑ 산지·메이커별 안심도 체크

흑돼지

각 나라에서 품종 개량을 하고 있다.

국산 돼지고기

'국산'이라고만 표시되어 있는 돈육은 자주 볼 수 있지만, 항균성 물질이 들어 있을 수 있다.

수입 돼지고기

최근에는 수입 돼지고기 소비량도 점점 증가하고 있다. 이렇게 급증하는 수입 돼지고기는, 생산 현장을 직접 볼 수 없다는 것만으로도 오염 물질에 대한 불안도가 높다.

👆 지방이 적은 부위를 선택한다!

고기의 지방 부위에는, 일단 섭취하면 체내 지방에 축적되거나 체외로 배출되기 어려운 유기염소계 농약(특히 딜드린, DDT, BHC)과 다이옥신 성분이 남아 있는 경우가 많기 때문이다.

👆 요리에 따른 산지 선택

흑돼지는 볶음, 구이 등의 모든 요리에 이용할 수 있다.

국산 돼지고기는 사전 처리가 불가능한 볶음, 구이를 제외한 독성 제거 과정이 있는 요리, 돈가스, 탕수육, 조림, 스튜 등의

고성 산우리 흑돼지

우리나라의 고성 산우리 흑돼지를 예로 들어보자. 고성 산우리 흑돼지는 농촌진흥청 축산기술연구소에서 지난 1988년부터 2년여에 걸쳐 재래돼지의 순종복원사업을 추진, 순종재래돼지의 혈통을 복원하여 1990년 11월 축산기술연구소에서 6두를 분양 받아 사육하기 시작했다. 재래돼지는 개량돼지보다 거친 사료와 열악한 환경에 견딜 수 있는 환경적응성이 뛰어나고 질병에 강한 반면, 개량돼지에 비하여 체구가 작고 야생성이 남아 있으며, 개량돼지의 산자수가 10~12마리인 데 반하여 재래돼지의 산자수는 7~8마리로 적다. 또 재래돼지 고기는 개량돼지 고기보다 육색이 붉고 다즙성이 좋으며 향미가 높은 특징이 있어 맛을 추구하는 미식가에게 호응을 얻고 있다.

요리에 이용할 수 있다.

수입 돼지고기는 독성 제거 효과가 크게 작용하는 돼지고기 생강구이, 조림, 스튜 등에 이용할 수 있다.

3 닭고기

토종닭, 특정 사육 닭, 일반 닭으로 나뉜다.

특정 사육 닭은 고기를 취할 목적으로 만들어진 닭이다. 닭 자체는 일반적인 닭으로서, 사육 기간을 늘리거나 사료가 특별한 것을 사용한다. 사육 기간이나 사육 일수에 관해 규정된 것은 없다.

☑ 산지·메이커별 안심도 체크

일반 닭

토종닭, 특정 사육 닭 이외의 국내의 일반적인 닭으로 항균성 물질 등의 유해 물질 걱정이 있다.

수입 닭

최근 냉동의 수입 닭이 증가하고 있다. 또한, 냉장 닭(0℃에서 배송) 도 증가하고 있다.

지방이 적은 부위를 선택한다!

일단 섭취하면 지방에 축적되거나 체외로 배출되기 어려운 유기염소계 농약(특히 딜드린, DDT, BHC), 또는 다이옥신 성분 등은 고기의 지방에 남는 경우가 많기 때문이다.

⑤ 요리에 따른 산지 선택

토종닭은 독성을 제거하지 않아도 무방하므로 국이나 구이 등의 다양한 요리에 이용할 수 있다.

특정 사육 닭은 사전 처리로 독성 제거가 가능한 닭고기샤브샤브, 카레, 튀김, 생강장구이 등에 이용할 수 있다. 수입 닭은 요리의 과정 중 독성 제거 효과가 큰 닭찜, 치킨커틀릿, 크림스튜, 카레, 생강장구이 등에 이용할 수 있다.

어패류

1 식품 표시를 활용하면서 선택하는 방법

생선 식품의 어패류에는 어획 수역명, 해동 생선인지 아닌지의 여부, 양식 여부를 의무적으로 표시하도록 했다. 해조류도 마찬가지이다. 그러나 자연산에는 해동, 양식 표시의 의무가 없다.

☑ 수역명·해동어·양식어 표시로 선택하는 방법

회유어

전갱이, 정어리, 고등어, 꽁치, 연어, 대구, 참치, 가쓰오부시, 갈치, 방어 등. 이 중에서 전갱이와 방어는 양식어가 많다.

회유어의 안전성이 비교적 높다고 말할 수 있는 이유는, 집단적으로 계절을 나기 위해 한곳에 머물러 있지 않고 이동하여 화학 물질에 오염될 확률이 적기 때문이다. 그중에서도 대구, 참치와 같이 **지방이 비교적 적은 것은 더욱 안전하다**고 할 수 있다.

근해어

붕장어, 도미, 오징어, 가자미, 꼬치고기, 보리멸, 금눈돔, 문어, 차새우, 공미리, 삼치, 농어, 갈치, 볼락, 광어, 숭어, 빙어 등. 이 중에서 차새우, 광어는 양식어와 자연산이 반반이다. 만내灣內나 연해에서 잡힌 근해어는 공장 폐수나 농약, 다이옥신 등의 환경호르몬에 오염될 염려가 있다.

따라서 어디에서 잡혔는지 알 수 없도록 어획수역 표시를 하지 않는 경우가 있다. 'ㅇㅇ산'이나 'ㅇㅇ항산'보다 환경오염이 심한 지역인지 아닌지 알 수 없다. **가능하면 좁은 지역의 것**을 선택하도록 한다.

양식어

은어, 차새우, 잉어, 전갱이, 방어, 광어, 복어, 가리비, 숭어, 참돔 등은 좁은 장소에서 대량의 생선을 키운다. 이때 생선의 질병을 방지하기 위해 사용한 항생 물질이나 환경오염 물질이 남아 있어 안전성에도 큰 문제가 있다.

조개류

수입 모시조개, 가막조개가 연중 출하되고 있다. '국산'이라고 표시되어 있다면 그것이 위장 표시가 아닌 경우, 다른 어류보다 조개가 유해 요소가 적은 편이다.

포획한 수역·양식 표시 예에 적합한 요리법

회유어는 오염 물질의 불안이 적기 때문에 생선회, 구이, 조리 등의 모든 요리에 적합하다.

근해어는 오염 물질의 유해성이 있으므로 섭취 횟수를 줄인다. 독성 제거 효과가 있는 요리는 생선의 표면을 살짝 데치거나 된장에 절이거나 전골, 생강장구이, 조림 등의 조리법으로 할머니의 지혜를 이용해 사전 처리를 한 요리이다.

양식어는 오염 물질의 유해성이 큰 것으로 섭취하는 횟수를 적게 한다. 독성 제거 효과가 있는 요리는 새우튀김(새우 등에 있는 내장은 제거), 조림, 초회, 전골, 생강장구이 등으로 반드시 횟수를 줄일 필요가 있다.

가공식품

1 식품첨가물의 장단점 분별법

식품첨가물 표시는 단독 항목이 없으며 원재료명 안에 표시되어 있다. 그러므로 식재료와 식품첨가물을 구별할 줄 알아야 한다. 다음과 같이 그 구별법을 정리해 본다.

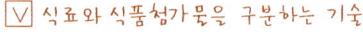
☑ 식료와 식품첨가물을 구분하는 기술

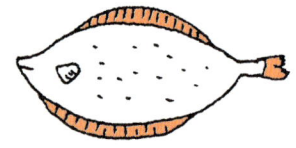

(1) 사용 목적이 기록되어 있지 않은 것 : 산미, 응고제, 향료 등

(2) 화학 기호가 있는 것 : Na, K 등

(3) 사용 목적(○○)과 같이 괄호( )가 있는 경우 : 보존료 (소르빈산칼륨), 감미료(감초) 등

(4) '색'이라는 글자가 들어 있는 것 : 캐러멜 색소, 적색 2호 등

🖐 첨가물 표시에 따른 식품 선택 포인트

소비자는 식품을 구매할 때 첨가물 표시를 어떻게 보고 선택해야 좋을까? 전체적으로 적용할 수 있는 간단한 포인트를 설명한다. 가능하면 식품첨가물 표시 항목이 적은 것을 선택할 것. 그리고 식품첨가물 표시 항목이 많지 않더라도, 첨가물이 표시되어 있으면 가능한 한 선택하지 않도록 한다.

🖐 선택하지 말아야 할 식품첨가물

① 소르빈산, 소르빈산칼륨

② 파라옥시 안식향산, 파라옥시 안식향산나트륨

③ 적색 104호, 106호, 2호, 3호, 40호, 황색 4호, 5호 등 코티닐 (카르민) 색소

④ 사카린, 사카린나트륨

⑤ 아황산나트륨, 초산칼륨

⑥ 인산나트륨, 인산염

※ BHA, 프로필렌글리콜propyleneglycol(PG)도 있으나 현재는 전혀 사용하지 않고 있다.

2 유전자 조작 표시 없는 가공식품 선택법

🖐 유전자 조작을 하지 않은 가공식품을 선택하는 방법

먼저, '유전자 조작' '유전자 조작 불분명' 표시가 있는 것을 선택하지 않는 것이 상식이다. 이러한 내용은 표시 의무가 있으므로 반드시 표시되어 있다. '유전자 조작이 아닌' 가공식품은 표

시 의무가 없다. 그러나 제조자나 마트에서는 유전자 조작이 아닌 경우 이 사실을 소비자에게 알리고 싶어 하기 때문에 '유전자 조작이 아닌 것'이라고 먼저 표시한다. 이러한 표시를 보고 선택해도 좋다.

유전자 조작 표시 의무 면제 가공식품의 선택법

'국산 100%'라고 표시되어 있는 것을 선택한다. 왜냐하면 국내에서는 아직 유전자 조작 작물을 만들지 않기 때문이다.

유전자 조작 표시 의무 면제 식품 또는 유전자 조작 가능성이 큰 식품 선별법

간장 – 유기 대두를 사용한 것

식용유 – 홍화유, 올리브유, 참기름, 현미유, 해바라기유, 차조기유

마요네즈 – 홍화유를 사용한 것

마가린 – 홍화유를 사용한 것

플레이크 flake – 단호박, 고구마, 현미 등

식초 – 현미초

주류 – 현미주, 현미증류주

맥주 – 맥아 100%

위스키 – 맥아를 사용한 것

STEP 2 사전 처리로 독성 제거

예로부터 우리 어머니, 할머니들이 해왔던 사전 처리 방식의 기본은 '물에 씻기' '데치기' '잘게 썰기' '껍질 벗기기' 등이다. 그들은 이 방법이 유해 물질, 특히 남은 농약 성분을 제거하는 데 효과가 있음을 알고 있었던 것이다. 다음 항목은 가정에서 간단한 테스트를 반복해본 다음 공공기관에서 실험을 실시한 결과를 정리한 것이다.

간단한 테스트로 알아보는 독성 제거 효과

필자가 처음 독성 제거 실험을 시작한 것은, 도쿄 소비자센터 시험연구실에서 실시한(1978년) 레몬의 방부제(DP, OPP, TBZ) 테스트(55쪽)가 계기가 되었다. 사전 처리에 독성 제거 효과가 있는지 없는지를 실제로 밝히고 싶어 가정에서 간단한 테스트를 반복해 실시했다(1980~1990년).

그 몇 가지 결과를 소개하고자 한다.

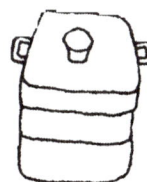

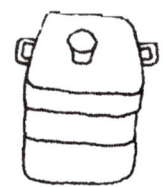

어묵의 품질 보존료인 소르빈산 제거율 테스트

재료 어묵 10g

방법

① 뜨거운 물(약 40℃)

② 소금물(농도 1.5/15%)

③ 식초 희석한 물(생식초를 2분의 1로 희석한 것)

④ 쌀겨 된장

⑤ 된장

⑥ 우유

위의 재료에 각각 소르빈산을 10분간 담가 보존료가 어느 정도 줄어드는지 테스트해 보았다.

결과

① 뜨거운 물에서는 제거율이 약 30%로, 뜨거운 물에서도 제거된 다는 사실을 알 수 있었다.

② 1.5% 소금물에서는 제거율이 30%, 15% 소금물에서는 제거율 이 약 54%였다. 이 결과를 보면, 염분 농도가 낮은 경우에는 뜨거운 물에서의 제거율과 같았으나 염분 농도가 높은 경우에는 소금 물 쪽의 제거율이 높아졌다. 이를 통해 **조미액에 담가두는 사전 처리로 유해 물질을 충분히 줄일 수 있다는 것**을 유추할 수 있다.

③ 생식초는 제거율이 20%로 뜨거운 물보다 낮았으며, 2분의 1로 희석한 식초에서는 제거율이 40%로 높아졌다. 이를 통해 **예로부터 식초를 희석하여 유해 물질을 제거하는 것이 유용한 방법이었음**을 알 수 있었다.

④ 쌀겨 된장에 담가둔 경우 제거율이 약 30%로, 뜨거운 물과 비슷했다. 이로써 **강된장에도 유해 물질을 줄이는 효과가 있다는 것을**

추정할 수 있다. 단, 채소로 강된장 절임을 만든 경우에는, 강된장에도 남은 농약이 축적될 가능성이 있다. 장기간 절임에 쓰인 강된장은 유해 물질에 대한 주의가 필요할 것이다.

⑤ 된장에 담가둔 결과 제거율은 60%로 높아졌다. 이로써 **된장은 독성 제거에 상당한 효과를 가지고 있다**는 것을 추측할 수 있다.

그러나 이렇게 쓰인 된장은 역으로 유해 물질이 많이 남아 있으므로, 독성 제거 때 쓴 된장은 다시 사용하지 않는 것이 좋다. 된장에 담갔던 식재료는 된장을 잘 씻어내고 사용하는 것이 좋다.

⑥ 우유에 담가둔 경우 독성 제거율은 0%에 가까웠다. 우유는 일반적으로 누린내를 제거할 때 사용한다. 이 결과에서는, **이상한 냄새는 제거되어도 유해 물질은 제거되지 않는다**는 것을 알 수 있다.

간장에 담갔을 때 소시지의 보존료와 발색제의 제거율 테스트

재료 소시지 **10g**

방법

① 소시지를 간장 30㎖에 10분간 담가둔다.

② 2분의 1로 희석한 간장 30㎖에 10분간 담가둔다.

그런 다음 *투석막법을 이용해 소시지의 보존료(소르빈산), 발색제(아황산염)를 추출하고, 그것을 비색比色법으로 테스트했다.

투석막법
반투막半透膜을 이용해 콜로이드나 고분자 용액을 정제하는 일. 콜로이드 입자나 고분자 물질은 막 속에 남고, 저분자의 전해질이나 불순 물질은 막의 밖으로 나간다.

결과

① 간장의 소르빈산 제거율은 약 25%, 아황산염 제거율은 약 30%

였다.

② 2분의 1로 희석한 간장의 소르빈산 제거율은 약 40%, 아황산염 제거율은 약 25%였다. 이로써 **간장에는 유해 물질을 줄여주는 효과가 있으며,** 특히 예부터 전해온 요리법인 **희석 간장은 제거 효과가 높다**는 것을 추정할 수 있다.

사전 처리 방법 중 하나인 조미액에 담가두는 방법은 유해 물질 제거에 유효한 방법인 것을 알 수 있었다.

무즙에 담갔을 때 소시지의 보존료와 발색제 제거율 테스트

재료 소시지 10g

방법

소시지를 무즙 100g에 10분 정도 담가서 보존료(소르빈산), 발색제(아황산염)를 투석막법으로 추출하여 그것을 비색법으로 테스트했다.

결과

테스트 결과 소르빈산의 제거율은 30%, 아황산염도 30%였다. **무즙도 식품 속 유해 물질을 제거하는 효과가 있다**는 것을 추정할 수 있다. 한편 다른 테스트에서는 무즙만 사용하지 않고 **냉수 2분의 1로 희석한 무즙에서 제거율이 약 1.5배 높게 나타난 것**을 알 수 있었다.

전통적인 사전 처리 지혜 가운데 하나로, 굴을 씻을 때 무즙으로 문질러 씻는 방법이 있다. 이것은 굴의 불순물을 제거하는 동시에 현대의 환경오염 물질을 제거하는 효과도 있다. 그 결과 이러한 옛 지혜는 현대의 식생활에서 유해 물질을 제거하는 데에도 도움이 되는 것으로 추정할 수 있다. 그들의 위대함에 머리가 숙여진다.

식초에 담가두는 시간을 다르게 하여 어묵 제품 속의 보존료 제거율 차이 테스트

재료　어묵 **10g**

방법
① 2분의 1로 희석한 식초에 5분간 담가둔다.
② 2분의 1로 희석한 식초에 10분간 담가둔다.
담가둔 식초액에 용출된 소르빈산의 양을 비색법으로 테스트한다.

결과
① 식초액에 5분간 담가 소르빈산 15ppm을 용출했다.
② 식초액에 10분간 담가 소르빈산 20ppm을 용출했다. 식초액에 담가둔 시간이 길면 길수록, 그것에 비례해 유해 물질의 양이 많아진다고 할 수는 없다. 이를 통해 **일반적인 사전 처리 시간만으로도 식품 속 유해 물질은 충분히 줄일 수 있음**을 추정할 수 있다.

저민 소시지를 끓인 물에 데쳤을 때 보존료, 발색제 제거율 테스트

재료　저민 소시지 **10g**

방법

충분히 끓인 물에 토렴하듯이 약 1분간 데쳐 보존료(소르빈산), 발색제(아황산염)가 어느 정도 줄어드는가를 투석막법으로 추출했다. 이들을 각각의 비색법으로 조사하고 독성 제거율을 테스트했다.

결과

그 결과 보존료 제거율은 약 30%, 발색제 제거율도 약 30%였다. 이로써 얇게 저민 뒤에 단시간 끓인 물로 처리해도 유해 물질을 줄일 수 있다는 것을 추정할 수 있다.

그리하여 우리 어머니, 할머니들의 사전 처리 지혜인 뜨거운 물로 여분의 기름 제거하기, 뜨거운 물 끼얹기 등으로도 식품의 유해 물질을 줄일 수 있다는 것을 알게 되었다.

독성 제거에 사용한 쌀겨 된장에 무채를 담갔을 경우, 그 속의 보존료가 무채로 옮겨지는지의 여부 테스트

재료

쌀겨 된장의 보존료가 100ppm이 되도록 섞어 여기에 무 100g을 채썰어 담가둔다.

방법

소르빈산이 어느 정도 이행했는지를 테스트했다.

결과

① 하룻밤 담갔을 때 10ppm.

② 이틀째 담갔을 때 20ppm의 소르빈산이 무채로 옮겨졌다. 이로써 채소 등을 절였던 쌀겨에 남은 농약 성분이 축적되었다면, 여기에 새롭게 담근 무농약 채소는 무농약 절임이라고 할 수 없다는 사실을 알 수 있다.

절인 음식의 지혜 속에서는 오래된 쌀겨를 대대로 귀하게 여겨왔으나, 지금은 그러한 생각을 바꾸어야 할 것이다. 일 년에 한 번은 쌀겨를 바꾸는 방법을 추천하고 싶다.

위너 소시지를 데쳐서 건진 뒤 물을 버렸을 때 발색제 제거율 테스트

재료 얇게 썬 위너(가열 훈연 소시지) 1개

방법

① 위너 소시지를 얇게 썰어서 5g으로 나누고, 충분히 끓인 물에 3분간 데쳐 건진 뒤 물 30㎖를 넣어 혼합 후 30분간 둔다. 이것을 테스트 액으로 삼는다.

② 또 위너 소시지를 얇게 썬 것 5g에 물 30㎖를 넣어 섞은 후 30분간 두어 이것을 테스트 액으로 삼는다.

① ②의 액에 아황산염을 아황산 테스터를 사용하여 양을 잰다.

결과

①의 아황산염은 약 20ppm.

②의 아황산염은 약 40ppm으로 아황산염이 줄었다. 이로써 어머

니, 할머니가 식재료를 데친 뒤 그 물을 버렸던 사전 처리 방법은 **식품 속 유해 물질을 줄이는 효과**가 있음을 추정할 수 있다.

위너 소시지에 칼집을 넣은 것과, 그렇지 않은 것을 데쳤을 때 발색제의 감소 비교 테스트

재료   위너 소시지 1개

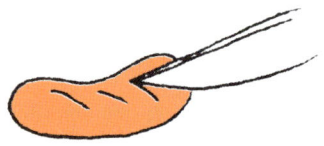

방법

① 위너 소시지를 그대로 냄비에 넣은 다음 뜨거운 물 100㎖를 넣고 3분간 데쳐, 3분 지난 뒤 소시지를 건진 후 그 물을 테스트용으로 삼았다.

② 위너 소시지의 표면에 3군데 칼집을 넣어 냄비에 넣고 뜨거운 물 100㎖를 넣고는 3분간 데쳐, 3분 지난 뒤 소시지를 건지고 그 물을 테스트용으로 했다.

①과 ②의 테스트 용액에서 아황산염 테스트 비색 판정을 했다.

결과

②의 아황산염 농도가 ①의 아황산염의 2배 정도로 진했다. 위너 소시지는 그대로 데치기보다는 **칼집을 넣어 데치는 것이 아황산염을 줄이는 데 상당히 효과가 있다**는 것을 알 수 있었다. 이로써 사전 처리 방법으로 칼집을 넣어 데치는 것은 식품의 유해 물질을 제거하는 효과가 있다고 추측할 수 있다.

바나나 과육에 침투하는 산화방지제BHA 정도 테스트

재료 껍질 벗기지 않은 바나나

방법

5%의 BHA 농도액에 껍질을 벗기지 않은 바나나를 넣고 이틀 정도 담가둔 뒤, BHA가 과육에 어떻게 침투하는지를 발색 비색으로 테스트했다.

결과

바나나의 줄기는 확실하게 발색했고, BHA 침투가 확인되었다. 껍질을 벗긴 과육의 줄기 쪽에서 1㎝까지의 부위는 약한 발색 반응이 있었으며, 줄기에서 1~2㎝의 부위까지는 발색 반응이 없어서 BHA의 침투 정도를 확인할 수 없었다.

BHA는 농약이 아닌 첨가물의 산화방지제였지만, 바나나에 **유해 물질이 침투할 경우 과육의 줄기부터 1㎝까지의 부위에 침투한다는 것**을 추정할 수 있다. 바나나는 껍질을 벗겨 줄기부터 1㎝ 정도 잘라내면, 안심하고 먹을 수 있을 것이다.

시금치를 2㎝ 폭으로 썰어서 데칠 경우 초산염 감소 테스트

재료 시금치 100g

방법

① 50g의 시금치를 그대로 300㎖의 끓는 물에 1분 30초간 데쳐, 그

데친 물을 사용한다.

② 50g의 시금치를 2cm 폭으로 썰어, 300㎖의 끓는 물에 1분 30초
간 데쳐, 그 데친 물을 사용한다.

③ ①, ②의 데친 물에서 용출한 초산염(초산염은 가열하면 아황산염
으로 변함)을 그리스 로멘 시약을 사용하여 비색 테스트를 했다.

결과

②에서 2cm 폭으로 썬 경우 초산염은 그대로 데친 시금치보다 약
2배나 많았다. 이것은 시금치를 2cm 폭으로 썰어 데치는 것이 비산
염을 줄이는 데 더욱 효과가 있다는 것을 보여준다. 한편, 그대로 데
친 시금치의 경우에도 비산염은 줄어드는 것을 알 수 있었다. 따
라서 예로부터의 사전 처리 지혜인 '데치기'는 비산염 등 유해 물
질을 줄이는 데 효과적이라는 것을 알 수 있다.

공적 테스트로 알 수 있는 독성 제거 효과

1985년경 실시한 간단한 테스트는 식품 속의 유해 물질, 특히 남
아 있는 농약 성분의 제거 효과를 추정하는 것에 지나지 않았다.
여기서는 공공기관에서 다양한 방법으로 실시한, '씻기'나 '데치
기' 등에 의한 남아 있는 농약 성분의 제거율 테스트에 대해 설명
하고자 한다. 테스트 결과만 요약·정리했다.

세정에 의한 수입 레몬 속 방부제 제거법과 레몬 티에서의 용출 테스트

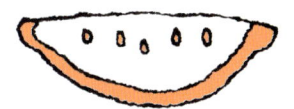

① 레몬을 씻는 경우 첨가물 제거율 테스트

레몬을 흐르는 물에 수세미로 문질러 씻으면 TBZ를 31%, OPP를 7%, DP를 16% 제거할 수 있다.

② 레몬 티에서의 용출도 테스트

홍차 100㎖에 레몬 10g의 비율로 레몬 티를 만든다. 얇게 썬 레몬을 넣고 1분간 둔다. 결과는 TBZ의 용출률은 74%, OPP는 8%, DP는 3%였다. 이 실험은 앞서 말했듯이 도쿄 소비자센터 시험연구실에서 마지막으로 한 테스트로, 사전 처리에 의해 식품 속 유해 물질을 제거할 수 있다고 생각한 계기가 되었다.

배추 결구부의 부위별 캡탄 잔류 농도 테스트

배추는 농약 살포 직후 가장 바깥쪽 잎에서 첫 번째 잎은 17ppm, 2~3장째 잎 0.37ppm, 4~5장째 잎은 합해서 0.18ppm, 6~7장째 되면 0.062ppm으로 확실히 적어진다.

한편, 살포 후 7일째는 첫 번째 잎에서 9.1ppm, 4~5장째는 0.082ppm으로 적어진다. 살포 후 21일째가 되면 첫 번째, 두 번째 장을 합쳐 0.22ppm, 3~4장째는 0.082ppm으로 적어진다. 이 시험으로 결구 채소를 먹을 때에 바깥쪽 잎 한 장을 제거하는 사전 처리의 중요성을 이해할 수 있다.

토마토에 남아 있는 농약 성분의 분포 테스트

토마토 과육에 남아 있는 살균제인 유기염소계 농약 캡탄의 농도는, 과일 껍질에 남아 있는 캡탄 농도의 약 15분의 1이다. 살충제의 유기염소계 농약인 딜드린이나 DDT, 유기인산계인 피리미포스메틸pirimiphos-methyl은 표면에 남으나 과육에는 거의 남지 않는다. 모든 농약에 해당하는 것은 아니지만, 토마토를 데치는 것은 유해 물질을 줄이는 사전 처리 방법이다.

오이를 씻었을 때 남아 있는 농약 성분의 제거 효과 테스트

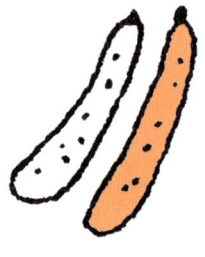

① 중성세제 0.1%를 섞은 물에 오이를 넣고, 가끔 저으면서 10분간 침투시킨 후, 스펀지로 가볍게 표면의 껍질이 벗겨지지 않을 정도로 문지른다. 흐르는 물에 중성 세제가 완전히 제거될 때까지 씻는다. 그러면 살균제의 유기인산계인 디클로르보스dichlorvos (DDVP)는 47% 제거된다. 같은 방법으로 살충제의 유기인산계인 펜토에이트phenthoate는 66% 제거되었으며, 살균제 디티오카르바메이트dithiocarbamate계의 마네브maneb 제거율은 15%로 적어졌다.

② 세제를 사용하지 않고 오이를 흐르는 물에 손으로 문질러서 씻었을 때, 살균제 유기염소계인 클로로탈로닐Chlorothalonil 제거율은 93%였다. 그러나 물로 씻을 때 살균제 옥시디브로스 제거율은 5%로 낮게 측정되었다. 지혜로운 사전 처리 방식인 **물 세척이라도**,

농약의 종류에 따라 잘 제거되기도 하고 그렇지 않기도 하다는 것을 알아두어야 한다. 여기에 남아 있는 농약의 유해 물질은 식단을 짤 때 섭취 방법에서의 해독법으로 줄여야 한다.

시금치의 가열 조리(데치기, 볶기)에 따른 농약 성분의 감쇄 테스트

① 시금치 10배 분량의 물을 냄비에 넣고 끓인 뒤, 채를 썬 시금치를 넣어 5분간 데친 다음 건져내면 살충제의 유기인산계인 EPN(ethyl paranitrophenyl)이 남을 확률은 60%였다. 같은 방법으로 시험했을 때 살충제의 유기인산계인 페니트로티온fenitrothion 잔존율은 약 25%였으며, 살충제의 카르바메이트계인 카르바닐carbanil 잔존율은 5% 정도로 낮았다.

② 샐러드유 3작은술을 두른 프라이팬에 채를 썬 시금치를 넣어, 중불에서 3분간 볶다가 기름기를 뺐을 경우 결과는, 살충제의 트리클로르피리다진trichlorpyridazine계인 클로로피리포스의 잔존율이 60%로 높았다. 같은 방법으로 살충제의 유기인산계인 EPN의 잔존율은 약 25%로 낮아졌다. 지혜로운 사전 처리 방법인 '데치기'와 '볶기'는, 식재료에 따라 차이가 있지만 남아 있는 농약을 줄이는 데 대체로 효과가 있다는 것을 알 수 있었다.

쇠고기, 돼지고기를 데치는 데 따른 지방질 소멸 정도

쇠고기, 돼지고기를 데치거나 강한 불에 구우면 지방질이 줄어든다.
① 쇠고기는 얇게 썰어 데치면 지방질이 22.6% 정도 줄어든다. 또 우둔살을 두껍게 썰어 석쇠에 구울 경우 지방질은 13.4% 정도 줄어든다.

② 돼지고기는 볼깃살을 얇게 썰어 데치면 지질이 51.6% 정도 줄어든다. 돼지고기를 두껍게 썰어 석쇠에 구우면 지방질은 14.2% 정도 줄어든다. 지방질이 줄어들면 지방질에 축적되기 쉬운 유해 물질인 유기염소계 화학 물질이나 다이옥신 등도 줄어든다.

여러 공식 테스트 결과 나타난, 남아 있는 농약에 관한 고찰

잔류 농약의 실태
농약의 기준치를 넘는 예가 여러 가지 있으나, 총체적으로는 남아 있는 농약의 검출 빈도 및 검출량이 어디가 어떻게 높은지 모르는 상태이다. 이런 경우 일반 가정에서는 세척이나 사전 처리 시 주의하여 섭취하면 특별한 문제가 없다.

조리에 의한 농약 성분 제거
세척 시 감소율 농산물을 세척할 때는 세제를 사용하지 않는 것이 좋다. 그런데 흐르는 물에 씻는 것만으로 남아 있는 농약의 제거율이 좋아지는 경우도 있지만, 세제를 사용해야 제거되는 것도 있다. 농약의 종류나 농산물에 따라 그 제거율이 다르다.

또한 농산물에 남아 있는 농약 성분은, 농약 종류나 농약 살포 후 경과된 시간 등에 따라 세척 시 제거율이 다르다는 것도 알 수 있었다.

조리에 의한 제거 방법 대부분의 농약은 씻기, 껍질 벗기기, 데치기, 볶기, 튀기기 등 조리에 따라 잔류량이 크게 감소하지만 그다지 감소하지 않는 것도 있다. 그러나 전혀 효과가 없는 경우는 없다. 역시 씻기나 데치기 같은 사전 처리가 중요하다는 것을 알 수 있었다.

STEP 3 음식의 유해 요소를 줄이는 올바른 섭취 방법

식료의 선택이나 사전 처리 시 아무리 신경을 써도 체내에 흡수되는 유해 물질이 '0'이 되는 것은 아니다. 따라서 올바른 섭취 방법으로 불안감을 해소해야 한다.

이러한 불안감을 해소하기 위해 식이섬유를 섭취하여 유해 물질을 체내로 배출하는 방법도 있다. 그러나 무엇보다도 체내에 들어오는 유해 물질 때문에 발생하는 활성 산소의 해를 줄이는, 즉 섭취 방법에서의 독성 제거 활동이 중요하다.

체내의 녹, '활성 산소'

체내에서 발생하는 활성 산소에 대해 설명하겠다.

☝ 활성 산소란 무엇인가?

인간은 호흡하는 동안 공기 중의 약 20%를 차지하는 산소를 마시면서 살고 있다. 산소는 생명을 유지하는 원동력이다. 그런데 체내에 산소를 흡수하면서 여러 가지 이유로 그중 약 1~3%는 활성 산소로 변해버린다. 활성 산소는 **산소가 전자 구조적으로 변화하여 강력한 산화물을 발생시키는 것**이다.

활성 산소라는 생소한 말을 처음 듣는 사람이라면, 어딘지 모르게 보통의 산소보다 활성화되어 있어서 좋은 산소라고 생각할 수도 있다. 그러나 실은 그 반대에 가깝다. 그러나 활성 산소라고 해서 꼭 나쁜 것만도 아니다.

예를 들어, 체내에 들어온 세균과 같은 침입자를 해치우는 역할도 한다. 활성 산소는 필요량에 따라 좋은 활성 산소가 되기도 하고, 대량으로 발생하면 악성 활성 산소가 되어 세포나 유전자를 산화시키고 상처를 내는 등 다양한 병의 원인이 된다. 활성 산소는 체내에서 최초로 슈퍼옥시드라디칼이라는 활성 산소가 되어, 그다음에는 과산화수소, 하이드록시라디칼, 일중항산소singlet oxygen라는 활성 산소로 계속 변해간다. 이러한 것들을 모두 통틀어 일반적으로 활성 산소라고 한다.

체내에서 어떤 경우 활성 산소가 생길까?

먹는 것이 에너지로 변할 때

농약이나 식품첨가물을 섭취할 때

대기오염 물질을 호흡했을 때

흡연을 했을 때

음주를 했을 때

스트레스가 쌓였을 때

자외선을 많이 받을 때

방사선을 쪼였을 때

전자레인지나 텔레비전, OA기기, 휴대폰 등 전자파를 받았을 때

몸에 염증이 생겼을 때

심한 운동으로 산소를 많이 흡수했을 때

활성 산소로 인해 어떤 병이 생기는가?

다음의 도표는 활성 산소의 생성 과정과 그에 따른 건강상의 해
를 정리한 것이다.

활 성 산 소				
분류	슈퍼옥시드라디칼	과산화수소	하이드록시라디칼	일중항산소
활성 산소의 생성 과정과 그에 따른 질환 · 생성 과정	❶ 식품첨가물, 농약, 환경오염 물질, 알코올을 산소를 사용하여 시토크롬cytochrome P450(약물대사 효소)으로 무독화할 때 ❷ 흡연 시 들어온 니코틴을 제거할 때 ❸ 체내의 산소를 사용하여 에너지를 만들어낼 때 ❹ 스트레스를 받을 때 ❺ 헌혈 후 ❻ 염증 후	슈퍼옥시드라디칼supper oxide radical을 산소 SOD(항산화 효소)가 제거했을 때	❶ 과산화수소가 동, 철 금속 이온과 반응했을 때 ❷ 과산화수소가 질소 화합물과 반응했을 때 ❸ 제초제(파라쿼트paraquat), 살충제가 몸속에 들어왔을 때 ❹ 자외선, 방사선을 쪼였을 때 ❺ 슈퍼옥시드라디칼과 과산화수소가 반응할 때	❶ 자외선, 방사선을 쪼였을 때 ❷ 슈퍼옥시드라디칼과 과산화수소가 반응했을 때 ❸ 슈퍼옥시드라디칼과 하이드록시라디칼hydroxy radical이 반응했을 때
질환	간 질환, 동맥경화, 노화, 백내장, 치매, 당뇨병, 아토피, 주름, 반점			

활성 산소를 줄이는 구체적인 식재료

위와 같은 과정을 거쳐 활성 산소가 발생하는 것을 방지하기 위해서는, 다음의 스카벤저 효과가 필요하다.

🖐 스카벤저로 활성 산소 줄이기

스카벤저의 원래 뜻은 '도로를 청소하는 사람'이다. 그것이 '항산화', 즉 '활성 산소를 줄인다'는 뜻으로 변용되었다.

말하자면 스카벤저는 우리의 몸을 활성 산소의 해로부터 지켜주는 청소부인 셈이다. 활성 산소를 줄이는 스카벤저의 종류는 다음과 같이 셋으로 나뉜다.

① 스카벤저 효소

② 스카벤저 비타민

③ 스카벤저 성분

1 스카벤저 효소란

체내 활성 산소의 해를 줄이는 작용을 하는 중요한 스카벤저 효소에는 SOD(superoxide sismutase), 카탈라아제catalase, 글루타티온 페르옥시다제 glutathione peroxidase가 있다. 이 3가지 효소는 식품에 들어 있지 않는 물질로, 체내에서 합성되는 것이다. 이러한 스카벤저 효소를 늘리기 위해서는 스카벤저 효소의 재료가 되는 양질의 단백질과 각종 보조 효소, 미네랄을 섞어 먹을 필요가 있다.

> SOD는 양질의 단백질 + 망간·동·아연
> 카탈라아제는 양질의 단백질 + 철
> 글루타티온 페르옥시다제는 양질의 단백질 + 셀렌

이상의 조합으로 합성된다. 그러므로 양질의 단백질에 철, 동, 아연, 망간, 셀렌을 함유한 식품을 조합한다면, 모든 스카벤저 효소가 동시에 합성되는 것이다. 여기서 양질의 단백질(아미노산 지수 100)과 보조 효소 미네랄 모두가 들어 있는 식재료를 예로 들어보았다.

> **아미노산 지수 100인 양질의 단백질 식재료**
> 전갱이, 가다랑어, 가자미, 금눈돔, 연어, 삼치, 고등어, 꽁치, 잔멸치, 도미, 갈치, 명란, 방어, 정어리, 참치, 쇠고기, 닭고기, 돼지고기, 우유 등

보조 효소 미네랄인 철, 아연, 동, 망간, 셀렌을 모두 갖춘 식료
깻잎, 파래, 산파, 모시조개, *신선초, 식용유, 정어리, 서양 양파, 껍질콩, 비지, 팥, 석화, 콜리플라워, 아스파라거스, 동결건조두부, 우엉, 참깨, 잔멸치, 녹차, 두부, 김, 파슬리, 톳, 가리비, 전갱이, 빙어

신선초
비타민 A의 효력이 녹색 채소 중에 으뜸인 미나리과 채소.

2 스카벤저 비타민이란

스카벤저 효소만으로는 활성 산소를 없앨 수 없다. 그래서 스카벤저 비타민이 필요하다. 즉 비타민 $A \cdot B_2 \cdot C \cdot E$를 섭취하는 것이다. 이 비타민의 대부분이 체내에서 저절로 만들어지지 않기 때문에, 이들이 많이 함유된 음식을 먹는 것이 중요하다. 여기서 스카벤저 비타민(A, B_2, C, E)이 들어 있는 식재료를 예로 들어보았다.

스카벤저 비타민(A, B_2, C, E)을 함유한 식재료
깻잎, 산파, 신선초, 풋콩, 껍질콩, 단호박, *소송채, 크레송, 깍지콩, 무청, 마늘쫑, 김, 파슬리, 브로콜리, 시금치, *모로헤이야 등

소송채
시금치와 비슷한 모양의, 영양가 높은 겨울 채소.

모로헤이야
비타민, 미네랄이 월등히 많고 암 예방이나 혈당치 개선에 효과가 좋은 채소.

3 스카벤저 성분이란

남아 있는 활성 산소를 제거하는 스카벤저로는 비타민뿐만 아니라 스카벤저 성분도 있다. 카테킨catechins, 크산토필xanthophyll, 글루타민glutamine, 글루타티온glutathione, 폴리페놀 등이다. 이 성분들도 체내에서는 거의 생성되지 않는다. 따라서 이러한 성분을 함유하고 있는 음식을 섭취해야 한다.

스카벤저 성분이 들어 있는 식재료

크산토필 – 단호박, 연어, 연어알, 난황 등

글루타민 – 카레 가루

글루타티온 – 브로콜리, 시금치

각종 폴리페놀 – 녹차(카테킨), 대두, 밀감, 커피, 코코아, 적포도주, 블루베리

현재 스카벤저 요리로 무엇이 좋은지 연구하는 추세이다. 물론 우리 음식이 가장 좋다는 결론에 도달할 것이라 예상한다.

그러한 음식은 이 책의 4장 '활성 산소를 없애는 스카벤저 요리 30가지'에서 다룰 예정이다.

우리를 불안하게 하는 음식물들을 넋 놓고 바라보기만 할 수는 없다. 우리 어머니, 할머니들은 다행히 예로부터 유해 물질들을 제거할 수 있는 음식 조리법을 사용해왔다. 왜 그 음식을 그렇게 다듬고 그렇게 씻어야 했을까? 안전한 밥상을 위해서였다. 이 재료는 이렇게 데치고, 저 재료는 저렇게 썰고……. 그것은 모두 이유 있는, 사려 깊고 지혜로운 행동이었다.

똑똑하게
먹는
50가지
방법

02

안심하고 먹을 수 있게 하는 지혜

식재료에서 유해 물질을 제거하는 사전 처리 조리법에는 물에 씻기, 찬
물에 담가두기, 식촛물에 담가두기, 데치기, 끓일 때 거품 제거하기 등의
조리법이 있다. 더욱 효과를 높이는 포인트는, 유해 물질이 빠져나올 수
있는 면적을 넓혀주는 것이다. 즉 자르기 방법만 해도 어떻게 잘라야 유
해 물질을 빼내기 쉬운지가 달라진다.

예를 들어 둥글게 썰기보다는 은행잎 썰기가, 은행잎 썰기보다는 다
지기가, 또한 굵게 썰기보다 깍둑 썰기, 채 썰기가 유해 물질 용출 면적
이 큰 것은 분명하다. 그러나 조리를 할 때는 불안감만 없앤다고 해결되
는 것이 아니라 완성된 요리의 맛과 모양도 문제가 된다. 요리에 맞게

써는 방법도 달라져야 하는 것이 당연하다. 단, 절단 표면적을 넓게 할수록 음식이 잘 익고 맛이 잘 배는 동시에 음식의 **유해 물질을 줄여주는 장점**이 있다는 것도 알아두어야 할 것이다.

1. 냉수, 온수, 소금을 사용하는 13가지 방법

1) 거품 제거하기

요리에 들어 있는 불순물의 성분과 떫은맛, 쓴맛, 갈변을 일으키는 색소 등을 물에 헹구거나 데쳐서 각각의 재료에 맞는 방법으로 거품을 제거하는 방법이다. 껍질을 벗긴 땅두릅, 연근, 우엉, 산마 등은 소량의 식초를 섞은 물에 담가 갈변을 막는다. 조리 시 반드시 불순물을 모두 제거해야만 좋은 것은 아니다. 적당한 떫은맛과 쓴맛은 식품의 풍미에 필요하며, 모두 제거하면 오히려 맛이 떨어질 수도 있다.

-1 물에 담가두면 많은 양의 불순물은 물론 남아 있는 농약 성분이나 초산염, 일부 다이옥신을 줄이는 데에도 효과가 있다.

2) 불순물 제거하기

재료를 데치거나 끓일 때, 표면에 거품과 같이 재료의 불순물이 뜨는 것을 볼 수 있다. 이러한 불순물을 국자로 떠내는 것이 '불순물 제거하기'이다. 정성껏 제거하지 않으면 요리의 맛이나 국물의 색이 나빠진다.

육류나 어류, 채소에도 마찬가지로 불순물이 있다. 이러한 불순물은 불쾌한 냄새 성분이 있다. 독특한 냄새나 탁한 거품이 없는 맛있는 국이나 수프를 만들 때에는 이렇듯 불순물을 제거하는 것이 중요하다.

육류 또는 어패류를 데치거나 끓일 때에는 끓기 직전 진한 거품이 표면에 생긴다.* 이것이 식품에 들어 있는 불순물이므로 국자로 떠낸다. 불순물을 제거하면 국물이 맑아진다.

-1 불순물을 제거할 때에는 표면에 떠 있는 유분도 제거하게 된다. 이로써 결국 육류 속에 들어 있는 유해 물질인 항균성 물질(항생 물질과 합성 항생제), 여성호르몬, 다이옥신(유용성), 염소계 농약(딜드린), 어패류의 항균성 물질, 환경오염 물질(유기수은, 유기주석 화합물, 염소계 화학 물질 등)을 줄일 수 있다. 불순물을 제거하면 맛있는 요리를 만들 수 있을 뿐만 아니라 음식의 유해성도 줄일 수 있다.

 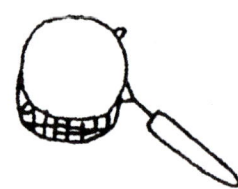 

3) 담가두기

채소의 불순물 성분은 물에 쉽게 녹기 때문에, 불순물을 제거하기 위해 물에 담가두는 방법이다. 소재에 따라 식염수나 식촛물, 뜨거운 물에 담가두기도 한다. 채소의 불순물을 제거할 때뿐만 아니라 염장 식품에서 소금기를 뺄 때도 물에 담가둔다. 샐러드를 먹을 때 아삭한 느낌을 주기 위해서 냉수에 담그기도 한다.

-1 물에 담가두기는 불순물을 제거하는 것과 관계가 있다. 이로써 유해 물질을 줄이는 것이다. 단, 너무 장시간 담가두면 풍미나 영양분까지 잃을 수 있으므로 주의한다. 유해 물질은 단시간(5~10분)에 물속에서 용출되거나 줄어든다.

불순물이란?

채소, 약초 또는 육류 등 각종 재료에 들어 있는 떫은맛, 쓴맛은 물론 불쾌한 냄새나 불필요한 맛 성분을 총칭한다. 식물류에서는 수산, 호모겐티식산 homogentisic acid, 폴리페놀 등, 동물성 식품에서는 지방이나 일부 가용성 단백질 등이다. 이러한 성분은 제거되어야 한다. 그러나 불순물은 완전히 제거한다고 좋은 것은 아니다. 죽순, 시금치, 머위 등은 불순물을 완전히 제거하지 말고 약간 남겨두어야 식품 본래의 맛을 살릴 수 있다.

4) 문지르기

오이나 머위 등에 소금을 묻힌 뒤 도마에 굴려가면서 문지르는 방법이다. 먼저 재료를 씻어(머위는 적당한 크기로 자른다) 도마에 올린 다음, 소금으로 문지른다. 손바닥 전체에 약간 힘을 주어 재료를 위아래로 굴려가면서 문지른다. 이렇게 하면 오이 표면의 거

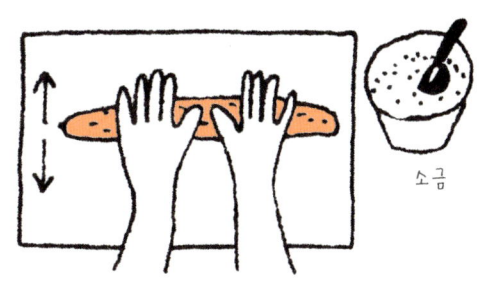

소금

친 눈이 제거되고 부드러워져서 맛이 잘 배며, 녹색이 한층 더 선명해진

다. 머위를 문지르면 껍질이 잘 벗겨진다.

-1 농약 살균제는 채소류의 표면에 남아 있기 때문에 씻으면 대체로 제거된다. 그러나 살충제나 유용성인 다이옥신은 표면에서 조금 들어간 체내에 남아 있기 때문에 씻는 것만으로는 없앨 수 없다. 오이나 머위, 두릅 등에 소금을 뿌리고 문질러서 표면에 상처를 내어 조직이 적당히 파손되면, 소금의 침투력이 작용하여 껍질 부위의 수분을 흡수하고 배출한다. 이때 표면의 농약(살충제)이나 다이옥신, 초산염도 배출되기 때문에 잔류량을 확 줄일 수 있다. 이와 같이 문지르기는 색을 선명하게 하거나 조미료를 쉽게 흡수하도록 할 뿐만 아니라 유해 요소도 줄일 수 있는 사전 처리 방법이다.

5) 칼집 넣기

완성된 요리를 언뜻 보았을 때는 잘 모를 정도로, 재료의 보이지 않는 부분에 칼집을 넣어 불에 익히거나 맛이 잘 배도록 하고 씹기 쉽도록 한다. 재료에 따라 채소는 원래 두께의 3분의 1 정도까지 칼집을 넣는다. 예를 들어 무조림은 뒷면에, 알양배추나 *청경채는 뿌리 쪽에 십자 모양

청경채
주로 중국 요리에 데치거나 볶아서 사용한다. 칼슘과 철분 함량이 높다.

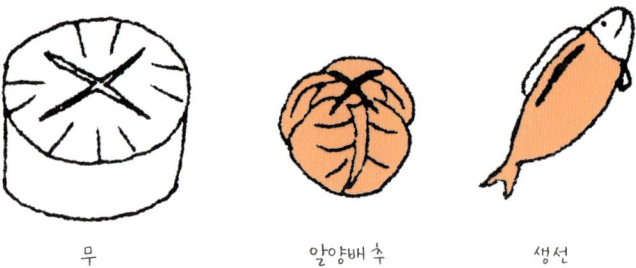

무   알양배추   생선

으로 칼집을 넣는다. 또한 크기가 큰 생선이라면 접시에 담았을 때를 기준으로 아가미를 따라 아래쪽에 칼집을 넣고, 생선의 배를 갈라 사용할 경우에는 지느러미 밑에 칼집을 넣는다.

-1 칼집 넣기는 음식이 잘 익고 맛이 잘 배게 하는 지혜이며, 동시에 남아 있는 농약과 같은 유해 물질을 줄이는 데에도 관계가 있다. 껍데기가 있는 재료에서는 내부에 남아 있는 농약 성분을 비롯한 유해 물질이 쉽게 용출되지 않는다. 그러나 칼집을 넣으면 내부의 유해 물질이 녹아서 빠져나가기 쉽다. 위너 소시지 테스트(52쪽)를 보더라도, 칼집을 넣었을 때와 넣지 않았을 때 보존료 등 첨가물의 감소도가 2배나 차이 난다.

6) 기름기 제거하기

어묵, 유부 등 기름으로 튀긴 재료를 조리하기 전에 뜨거운 물을 끼얹는 방법이다. 표면에 떠 있는 여분의 기름이나 산화 기름을 제거하면, 산화된 기름에서 나오는 악취도 사라지고 맛이 부드러워진다. 기름기를 제거할 때에는 체에 재료를 겹치지 않게 올려놓고 그 위에 뜨거운 물을 끼얹거나, 뜨거운 물이 가득 담긴 통에 넣었다 꺼내 체에 밭치는 방법이 있다.

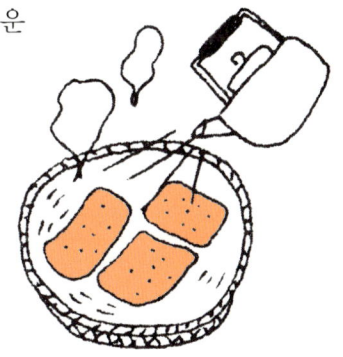

뜨거운 물을 끼얹는다

-1 기름이 산화·부패한 냄새를 없애고 맛을 부드럽게 하는 사전 처리는 다음 두 가지 유해 요소를 줄이는 효과가 있다. ① 유부에 산화방지제 등의 식품첨가물이 사용되었다 하더라도, 튀김 식품에는 이러한 산화방지제의 첨가물 표시가 되어 있지 않다. 이것이 캐리오버carry-over(자체적 첨가

물)이다. 유부 등의 튀김류에 산화방지제BHA 표시가 없어도, 이것을 넣은 기름에는 건강 장애를 일으키는 첨가물이 많다는 것을 알아야 한다.

② 튀김류는 공기 중에 노출되면 산화하기 쉽고, 그 양이 많고 적음과 관계없이 건강을 해치는 하이드록시페록시드(과산화지질)라고 하는 유해 물질이 생성되기 쉽기 때문이다. 따라서 기름기를 제거하면 이 두 가지 유해 물질을 줄일 수 있다.

📓 메모 하나

기름기 제거는 왜 뜨거운 물로 하나?

기름이 공기 중에 접촉하여 산화되면 점성이 증가한다. 기름기 제거를 위해서는 기름을 뜨게 하여 흘러내리게 해야 한다. 이런 경우 물을 사용하는데, 기름은 점성이 증가하고 식품에 강하게 달라붙어 잘 흘러내리지 않는다. 그러나 기름은 고온이 되면 점성이 적어지고 식품에서 분리되어 물에 뜨기 쉬워진다. 따라서 기름기를 제거할 때에는 뜨거운 물을 끼얹든지, 뜨거운 물에 살짝 담갔다 건지는 것이 좋다.

---

7) 데치기

끓는 물에 재료를 넣고 살짝 데치는 것으로서, 재료를 부드럽게 하거나 불순물을 제거하는 방법이다. 여기서는 조리 도중의 사전 처리와 같은 작업을 가리키는 것이며, 비교적 단시간에 데쳐 뜨거운 물을 침투시키는 방법이다.

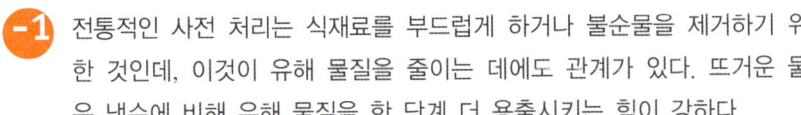

전통적인 사전 처리는 식재료를 부드럽게 하거나 불순물을 제거하기 위한 것인데, 이것이 유해 물질을 줄이는 데에도 관계가 있다. 뜨거운 물은 냉수에 비해 유해 물질을 한 단계 더 용출시키는 힘이 강하다.

8) 살짝 데치기

재료에 끓는 물을 살짝 끼얹거나 뜨거운 물에 헹구는 방법이다. 재료나 조리법에 따라 물의 온도나 시간이 각각 다르다. 살짝 데치기는 단시간 데치는 것을 말한다. 데치기는 주로 채소의 사전 처리에 사용하는 데 비해, 살짝 데치기는 고기나 생선에 사용하는 경우가 많다. 표면을 살균하기 위한 목적, 또는 단백질을 변성시켜 먹기 좋게 하기 위한 목적으로 쓰인다. 또한 면을 체에 얹어 뜨거운 물에 살짝 흔들어서 부드럽게 하는 방법도 포함된다.

-1 사전 처리의 효과는 먹기 좋게 하고 부드럽게 하기 위한 것이나 그 외에 유해 물질을 줄이는 효과도 있다. 예를 들어 육류에서는 항균성 물질이나 여성호르몬, 다이옥신 등, 어패류에서는 환경오염 물질(유기주석 화합물 등)이나 다이옥신 등, 면류에서는 첨가물의 인산염이나 간수(중국 면의 경우) 등의 유해 물질이 줄어든다. 한편, 슬라이스 햄을 60도의 뜨거운 물에서 30초간 데치면 첨가물인 발색제(아초산염)를 약 3분의 1로 줄일 수 있다.

9) 삶기

삶은 다음 그 물을 따라 버리는 것. 불순물이나 떫은맛, 점성 물질(끈적거림) 등 불필요한 맛이나 좋지 않은 성분을 흘려 버리는 것이 목적이다. 시금치, 근대 등 진한 녹색 채소류는 불순물을 제거하기 위해, 토란은 점성 물질을 제거하기 위해 삶은 다음 그 물을 따라 버리는 방법을 사용한다. 그 밖에 작은콩과 같이 타닌 등의 떫은 성분을 포함한 것도 일단 데쳐서 그 물을 버리면 깔끔한 맛을 낸다.

-1 사전 처리 방법에는 맛이 더욱 좋아지도록 하는 것들이 많다. 지금 생각해보면 이런 사전 처리가 실은 유해 물질을 줄이는 큰 역할도 했다는 것을 알 수 있다. 예를 들어 앞서 소개했듯이 위너 소시지에 칼집을 넣어 1분간 데쳤을 때, 유해 식품첨가물인 보존료 소르빈산칼륨이 약 30% 줄어들었다.

10) 끓인 물을 이용한 껍질 벗기기

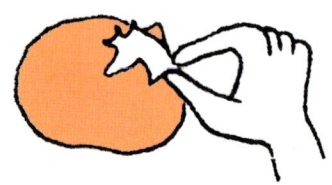

재료에 끓인 물을 끼얹거나, 뜨거운 물 속에 넣어 겉껍질을 벗기는 방법이다. 토마토 껍질 벗기기가 대표적이다.

토마토의 꼭지를 포크로 찔러, 끓는 물에 슬쩍 데쳐 바로 찬물에 옮겨 식힌다. 그러면 겉껍질이 잘 벗겨진다.

-1 농약의 살균제는 표피의 표면에 남는 것이 많은데, 흐르는 물에서 씻으면 잘 떨어진다. 그러나 살충제는 표피의 내피층에 남는 경우가 많다. 이것은 씻는 것만으로는 거의 제거되지 않는다. 농약을 많이 뿌리는 토미토도 끓인 물을 이용해서 껍질을 벗기면 살균제나 살충제가 남는 부분이 대부분 제거되고 불안감도 거의 해소된다. 뜨거운 물을 이용한 껍질 벗기기는 안심할 수 있는 뛰어난 사전 처리 방법이다.

11) 유히키

사전 처리를 한 생선에 끓인 물을 살짝 끼얹거나, 끓인 물에 살짝 데치는 것을 유히키라고 한다. 태국 등의 나라에는 생선회 유히키 요리가 있는데, 끓인 물을 살짝 끼얹은 후 냉수에 담가 차게 식힌 것이다. 또한 그러한 생선회 자체를 가리켜 *유히키라고도 한다.

유히키는 다음에 나올 강상과 목적이 같아서, 생선의 점액질이나 악취, 여분의 지방을 제거하거나 표면을 단단하게 하여 감칠맛이 빠져나가지 못하게 한다. 닭날개의 껍질을 쉽게 벗기기 위해 끓인 물에 담갔다가 꺼내는 것도 유히키라고 한다.

유히키
일본의 전통 조리 방법 중 하나로, 우리식으로 말하면 끓인 물에 데치기이다.

-1 끓인 물은 유해 물질을 용해시키는 효과가 있다. 특히 생선회같이 용출 면적이 넓은 것은, 단시간에도 유해 물질을 줄이는 비율이 높아진다. 또한 유히키에서는 여분의 지방을 제거하므로, 지방에 잔류하는 염소계 화학 물질(염소계 농약, 다이옥신 등)을 줄일 수 있다.

찬물에 담갔다가
물기를 뺀다

12) 강상

토막 낸 어·육류를 빠르게 끓는 물에 튀기거나, 끓인 물을 끼얹는 것을 강상이라고 한다. 표면만 하얘져서 눈이 내린 것처럼 보여 이러한 이름이 붙었다. 남은 열로 속까지 익지 않도록 표면만 하얘지면 재빨리 냉수나 얼음물에 넣는다.

강상은 표면이 미끌거리는 것을 막아주고, 악취를 빼내거나 여분의 지방을 제거하고, 표면을 단단하게 하여 감칠맛이 빠져나가지 못하게 하며, 살을 단단하게 하는 효과가 있다. 닭 안심, 도미, 가다랑어, 오징어, 장어 등에 자주 사용하는 사전 처리 방법이다.

-1 강상에서도 끓인 물을 끼얹거나 튀기기 때문에, 유해 물질을 줄이는 효과는 유히키와 같다. 닭 안심을 강상으로 처리하여 고추냉이와 간장을 찍어 먹는 것은 유해 물질을 줄일 수 있는 좋은 조리법이다.

13) 냉수에 헹구기

생선회의 한 종류로, 생선회를 냉수에 헹구면 살이 단단해지는 성질을 이용한 것이다. 신선한 생선을 어슷 썰기 하거나 채 썰기 하여 냉수에 헹구는 방법으로, '냉수 씻기'라고도 한다.

생선에 따라 이러한 냉수 씻기가 가능한 것과 불가능한 것이 있는데, 잉어, 방어, 도미, 광어, 농어는 가능하다. 신선도가 떨어진 것은 냉수에 헹궈도 살이 단단해지지 않기 때문에 반드시 신선한 것이어야 한다.

-1 끓는 물이 아닌 냉수에 헹구는 것도 지방을 줄여주는 사전 처리법이다. 생선의 지방에 남아 있기 쉬운 염소 농약이나 다이옥신, 염소계 환경호르몬 등을 줄이는 효과가 있다.

2. 유해 물질을 줄일 수 있는, 써는 방법 23가지

채소를 자르는 방법에는 기본적으로 둥글게 썰기, 반달 썰기, 은행잎 썰기가 있으며 그 밖에도 여러 가지가 있다. 잘게 썰어서 좋은 점은 **용출 면적을 크게 할 수 있다는 것**이다.

1) 둥글게 썰기

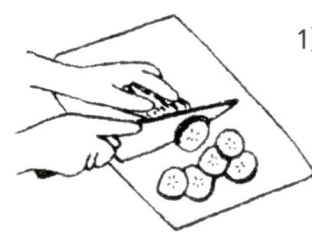

무처럼 둥근 뿌리채소를 그대로 써는 것을 말한다. 무, 당근, 연근, 오이, 죽순, 감자류에 사용된다. 무 생선조림이나 쌈무채 같은 절임류, 튀김이나 국물에도 용도에 맞게 두께를 가감한다.

2) 반달 썰기

무, 당근 등 둥근 것을 반으로 잘라 써는 방법. 자른 형태가 마치 반달 같다.

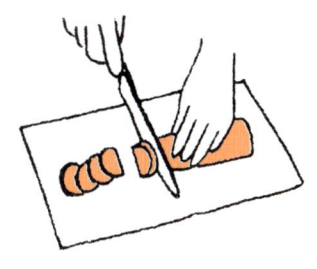

3) 은행잎 썰기

채소 등을 은행잎 모양으로 써는 방법이다. 무, 당근, 순무 등을 길이로 4등분하여 둥글게 썰기 한 다음, 용도에 맞게 적당한 두께로 썬다.

4) 주사위 썰기

작은 주사위 모양으로 써는 방법이다. 무, 당근, 감자류, 두부 등에 자주 사용된다. 재료를 1cm 두께로 썬다. 크기는 요리에 따라 다르다.

5) 굵게 다지기

재료를 3~5mm의 작은 주사위 모양으로 써는 방법이다. 주사위 모양과 비슷하며 주사위 썰기를 한 요리 위에 뿌리거나 섞거나, 국물의 건더기로 사용하기도 한다.

6) 다지기

얇게 채 썬 것을 다시 잘게 다진 것. 양파, 소송채, 파슬리, 산초나무 싹 등을 주로 다지기한다. 양념 또는 소스류나 무침 등에 섞거나 수프의 건더기로 사용하는 등 요리의 장식용으로 활용한다. 잘게 다지면 다질수록 유해 물질의 용출 면적이 넓어진다.

메모하나 양파 다지기

썰기 전에 냉동실에 10분 정도 넣어두면 눈이 맵지 않게 다질 수 있다. 잘 드는 칼로 빠른 속도로 다진다. 양파를 잘 다지는 방법은 3장 107쪽을 참조할 것.

7) 색종이 썰기

마치 색종이 형태처럼 얇게 정사각형 모양으로 써는 것. 둥근 것은 주변의 둥근 면을 다듬어 얇게 썰어준다. 무, 당근, 감자, 양배추 등의 채소나 달걀 지단을 썰 때 또는 국물 요리의 건더기나 샐러드, 볶음 등에 이용된다. 유해 물질의 용출 면적이 넓어진다.

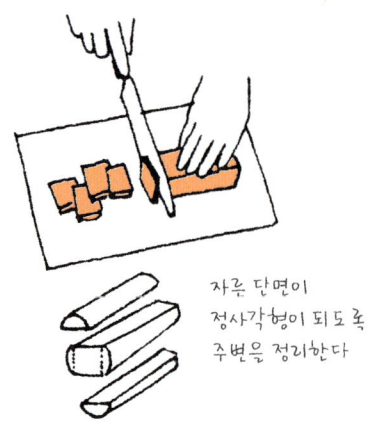

자른 단면이 정사각형이 되도록 주변을 정리한다

직육면체

8) 나박 썰기

채소를 박자목拍子木처럼 썰어, 이것을 절단면부터 얇게 써는 방법. 무, 오이, 당근, 땅두릅, 감자 등에 사용된다. 무침, 국물 요리 등에 사용된다.

9) 빗 모양 썰기

구형의 재료를 방사형으로 6등분, 8등분한 것, 또는 원추형으로 길게 반을 자르고 다시 단면으로 반을 자른 형태로, 절단면에서 적당한 두께로 자른 것을 말한다.

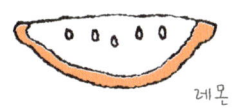
레몬

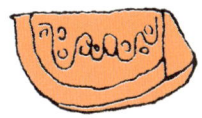
토마토

10) 성냥개비 썰기

길이 4~5㎝, 폭 0.7~1㎝의 가늘고 긴 형태로 자른 것. 무, 당근, 감자, 오이, 땅두릅 등을 썰 때 이용한다. 주요 용도는 조림, 튀김, 초절임 등이다.

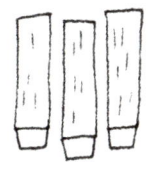

11) 동글게 썰기

대파, 당근, 우엉, 오이 등 형태가 길쭉한 재료를 그대로, 또는 길게 반을 잘라서 끝에서부터 잘게 써는 방법이다. 두께는 재료나 용도에 따라 적당히 변화시킨다. **유해 물질이 제거되는 단면적이 넓어진다.**

12) 마구 썰기

칼을 불규칙적으로 사용하여 채소를 써는 방법이다. 당근, 우엉, 고구마 등 자른 단면이 둥근 재료를 손으로 굴려가면서 크기를 맞추어 어슷하게 썬다. 단호박과 같이 모양이 불규칙한 것은 형태가 달라도 대체로 같은 무게가 되도록 썰어야 균등하게

식재료는
굴려가면서 자른다

익는다. 조림, 스튜 등에 사용된다. 이것도 유해 물질의 용출 면적이 넓어진다.

13) 깍둑 썰기

재료를 숭덩숭덩 써는 것. 다른 썰기와 달리, 형태나 크기에 그다지 신경 쓸 필요가 없다. 채소에서는 파, 우엉 등을 썰 때 이용한다. 어패류나 육류에도 흔히 사용하는 방법으로, 마즙을 끼얹은 참치회를 썰거나 생선을 뼈째 둥글게 썰기 할 때에도 사용한다.

14) 채 썰기

짧은 채를 써는 것으로, 무나 당근 등을 자를 때 사용한다. 초무침, 샐러드, 국물 요리 등에 이용한다. **유해 물질의 용출 면적이 상당히 넓어져 안심할 수 있는 사전 처리법이다.**

자른 단면을 밑으로 하여
가지런히 자른다

성냥개비 형태로
자른다

15) 돌려 깎기

무, 두릅, 오이, 당근 등을 4~6㎝ 길이로 둥글게 썰기 하여 껍질을 벗기는 요령으로, 종이를 만 것처럼 중심까지 얇게 돌려 깎는 방법이다. 도

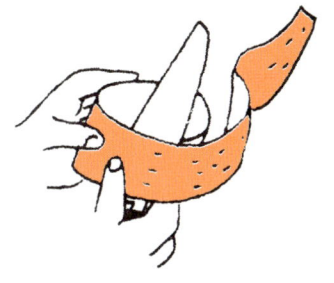

중에 잘리지 않도록, 종이처럼 얇고 균일하게 깎는다. 이것으로 다른 재료를 싸거나, 또는 길게 채를 썰어 생선회에 곁들인다.

얇게 돌려 깎는 것으로 **유해 물질이 용출되는 면적을 넓혀주는 사전 처리 방법이다.**

16) 백발 썰기

채 썰기보다 더 가늘게 써는 방법이다. 마치 백발과 닮았다고 하여 이러한 이름이 붙었다. 흰 파채, 흰다시마채 등이 해당된다. 또한 새우, 도미, 광어 등의 흰살 생선을 삶거나 쪄서 자르기도 한다. **물에 헹구면 유해 물질에 따른 불안감이 거의 사라진다.**

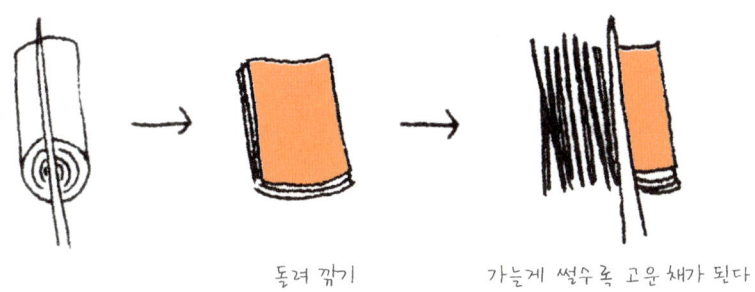

돌려 깎기　　　　가늘게 썰수록 고운 채가 된다

17) 연필 깎기 썰기

연필을 깎는 것처럼 재료를 돌려가면서 깎아내듯 써는 방법이다. 써는 형태가 연필 깎기와 비슷하여 이러한 이름이 붙었다. 특히 당근, 우엉에 사용되며, 깎은 것을 물에 담가서 불순물을 제거한다. 우엉조림, 돌

굵은 우엉은
한 번 더 칼집을 넣는다

솥밥의 재료, 국의 건더기로 사용된다.

우엉을 채 썰 때에는, 물을 담은 볼을 준비하여 썬 것을 바로 물에 담글 수 있게 한다. 그래야 불순물을 정확하고 신속하게 제거할 수 있다. **연필 깎기 썰기는 유해 물질을 제거하는 가장 좋은 방법**이다.

18) 잔 칼집 썰기

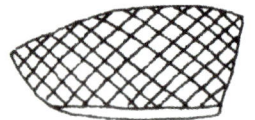

곤약
구약나물의 땅속줄기를 가루 내어, 거기에 석회유를 섞어 끓여서 만든 식품. 97%가 수분이며 실곤약과 판곤약이 있다.

오징어 등을 써는 방법 중 하나이다. 구이, 조림 또는 끓는 물에 데쳤을 때 십자 모양으로 잔 칼집이 선명하게 나타난다. 오징어나 피조개 등에 잔 칼집을 넣으면 잘 익을 뿐만 아니라 칸집이 선명하게 보여 모양도 예쁘다. 생선회의 경우 간장이 잘 배고, *곤약의 경우 맛이 배기 쉽다. 이것도 유해 물질을 **용출하기 쉽게 하는 썰기 방법**이다.

19) 자바라 썰기

특히 오이에 자주 사용되는 썰기 방법이다. 마치 자바라를 펼쳤다 접었을 때의 모양을 하고 있어 이러한 이름이 붙었다. 초무침, 생선회, 생선구이의 곁들임 음식에 사용된다. 맛이 잘 밸 뿐만 아니라 **유해 물질을 용출하기도 쉽다.**

20) 국화 모양 썰기

반대쪽에 칼집을 넣는다

국화꽃처럼 가늘게 칼집을 넣는 방법이다. 순무나 무 등의 초절임 등에 사용된다. **칼집은 유해 물질을 제거하기 쉬울 뿐만 아니라 식초에 담가두면 특히 그 효과가 높아진다.**

21) 차선 모양 썰기

차선과 같이 길게 써는 방법이다. 주로 가지를 썰 때 자주 이용하는 방법이고, 맛조림, 우엉, 땅두릅 등에 이용한다. 차선은, 가루차를 탈 때 사용하는 대나무로, 거품을 일으키는 도구이며 이 모양을 본떠 이러한 이름이 붙었다. 길게 써는 방법으로 유해 물질을 **제거하기 쉽다.**

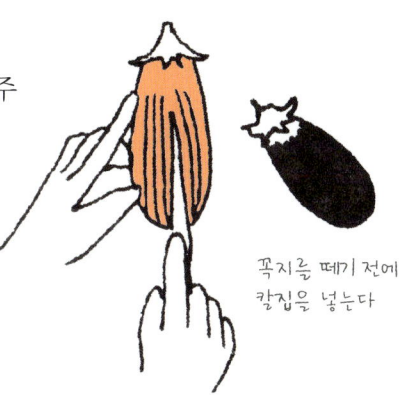

꼭지를 떼기 전에 칼집을 넣는다

22) 비스듬히 비껴 썰기

재료를 아주 얇게 자르는 방법이다. 칼을 도마와 수평이 되게 눕히고 재료를 깎아내는 방법을 말한다. 닭고기나 표고버섯을 썰 때 자주 이용하는 방법으로서, 얇게 비껴서 벗겨낸 유자 껍질은 음식의 향을 내는 데 사용된다. 비스듬히 비껴 썰기는 깎아내기와 같은 효과도 있다. **유해 물질을 제거하는 면적이 넓어진다.**

23) 긁어내어 깎기

단호박 등에 이용하는 방법이다. 껍질을 군데군데 벗기는 것으로, 맛이 쉽게 밴다. 맛이 배기가 쉽다는 것은 **유해 물질이 용출되기 쉽다는 뜻**이기도 하다.

3. 조미료를 활용하는 5가지 방법

1) 소금으로 하는 사전 처리

소금을 흩뿌리거나, 소금물을 사용하거나, 소금으로 버무리거나 절이는 등 소금의 침투력에 따라 서로 다르게 채소 또는 생선의 수분을 제거하는 데 쓴다. 특히 생선의 비린내를 제거한다. 이와 동시에 **환경오염 물질 등의 유해 물질을 제거하거나 줄일 수 있다.** 특히 소금에 버무리기를 할 때는 뿌린 소금이 생선의 표면에 수분을 용출하여 진한 소금물이 된다. 생선 내부의 수분까지도 제거되어 비린내나 **유해 물질이 한꺼번에 제거된다.** 단, 소금을 뿌린 채 장시간 놔두면 수분 용출이나 유해 물질이 제거되는 정도는 늘어나지만 감칠맛까지 빠져나온다. 따라서 뿌려두는 시간을 적당히 해야 한다.

한편, 소금을 뿌려두어 용출되는 수분은 키친타월로 정성껏 닦는다. 이것도 유해 물질을 줄이는 것과 관계가 있다.

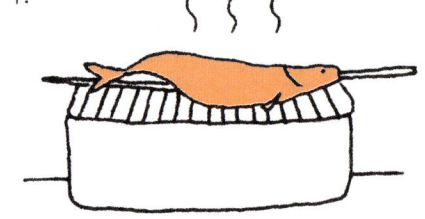

(1) 흩뿌리기

재료에 소금을 뿌리는 것이다. 특히 생선 요리의 사전 처리에 사용된다. 소금을 뿌리는 것에 따라 재료의 누린내가 제거되고 감칠맛이 증가한다.

　소금을 손에 쥐고, 재료에서 20~30㎝ 위에서 손가락 사이로 소금을 뿌린다. 생선의 경우 중량의 2~3% 소금을 조리하기 20분 전에, 육류는 굽기 직전에 중량의 1% 소금을 뿌린다. 생선에 소금을 뿌리면 비린내가 제거되고 감칠맛이 증가하며, 살이 잘 부서지지 않는 효과가 있다.

육류는 생선보다 누린내가 적으므로, 살이 단단하고 맛이 없어지기 때문에 조리 직전에 뿌린다. 생선도 소금을 뿌려두는 시간이 너무 길면 수분과 함께 감칠맛도 빠져나가는 역효과가 있으므로 주의할 것. 생선을 소금구이할 경우 다시 소금을 뿌려두는데, 이로써 생선의 비린내가 제거되며 살이 단단해진다.

흩뿌리기에 사용하는 소금은 식염이 효과가 있다. *식탁염이나 *정제염에는 방습제를 넣기 때문에 표면에 스며들기 쉽지 않으므로 **충분한 양을 뿌릴 필요가 있다.** 소금을 소량 뿌리면 생선 단백질이 엷은 소금물에 녹으므로 두껍게 소금을 뿌려 표면을 하얗게 만드는 것이 요령이다.

(2) 버무리기

선도가 좋은 생선에 소금을 듬뿍 뿌려 단백질의 변화로 단단하게 만드는 것이다. 초절임을 하기 전에 먼저 소금을 뿌리는 것이 일반적이다. 생선에 소금을 뿌리고 15~20분 정도 두었다가 여분의 수분을 닦아내어 살을 단단하게 한다. 물기와 함께 비린내도 없어지기 때문에 생선 자체의 맛도 살리면서 먹기 편해진다.

(3) 채소 절이기

다진 채소에 소금을 뿌려 10~15분간 두었다가 알맞게 절여지면 손으로 가볍게 물기를 짠다. 오이 볶음 등의 사전 처리에 사용된다.

소금으로 문지르면, 소금의 삼투압 작용에 의해 채소 속의 수분이 빠르게 배출된다. 소금의 양은 채소 한 주먹 양(약 100g)에 소금은 1작은술 정도가 적당하다.

식탁염
음식을 먹을 때, 각자의 식성에 따라 간을 맞추어 먹도록 식탁 위에 놓아두는 고운 소금.

정제염
원염을 녹여서 불순물을 제거하고 재결정시킨 소금.

(4) 생선 절이기

염장 생선을 만들 때 쓰는 방법으로, 생선의
표면이 하얘질 정도로 소금을 듬뿍 뿌린다.
특히 고등어같이 지방이 많고 살이 두꺼운
생선에 주로 이 방법을 이용한다. 이런 생선
은 살이 두꺼워 소금이 스며들기 어려우며,
소금을 조금 뿌릴 경우 지방분과 함께 용출
되어버리기 쉽기 때문이다.

(5) 소금물에 담그기

어패류를 씻거나 재료에 소금기가 들게 하기 위해서 소금물을 사용한다.
염수의 농도는 해수 농도보다 약간 진한 3~4%가 적당하다. 냉수에 씻
으면 생선의 감칠맛이 달아나 버리므로 이것을 방지하기 위해 쓴다. 어
육이 물을 흡수하여 싱거워지는 것을 방지한다. 소금물을 사용할 때는
통생선이나 오징어에 석합하며, 토막 생선에 이 방법을 사용하면 감칠
맛이 달아나 버리므로 주의해야 한다. 오이 등 수분이 많은 채소를 절일
때에도 사용하는 방법으로, 이때 염분은 연하게 한다.

(6) 소금물에 데치기

소금을 넣은 끓는 물에 식품을 데치는 것이다. 재료에 엷은 소금 맛을
들이거나, 녹색 채소의 경우 색을 더욱 선명하게 만드는 것이 목적이다.
그 밖에도 불순물 또는 나쁜 냄새를 제거하거나, 재료를 빠르게 익히거
나, 수분을 줄여 색을 곱게 하고, 단백질을 응고시켜 해독하는 등 재료
에 따라 각각의 목적이 있다. 식염 농도는 1.5% 정도가 적당하다.

녹황색 채소, 껍질콩, 풋콩, 꼬투리 강낭콩, 문어, 새우 등은 소금물에 데치는 경우가 많다. 소금을 넣으면 맛을 돋울 뿐만 아니라 색과 보존성이 좋아지지만, 실험 결과 소금을 넣거나 안 넣거나 실제 조리를 할 땐 그다지 변화가 없었다. 어쨌든 소금을 넣고 데치는 습관을 여러 가지 다른 필요성의 각도에서 볼 수 있다. 그러나 스파게티와 같은 파스타에 소금물(소금의 양은 끓는 물 1ℓ 당 소금 1/2큰술 정도)을 뿌리는 경우, 파스타에 밑간을 하여 맛을 내는 동시에 뜨거운 물의 온도를 높이기 위한 목적도 있다는 것을 알아두자.

2) 식초로 하는 사전 처리

식초는 초절임 또는 감초 절임에 쓰이며 식초 세정과 같은 사전 처리에 사용하기도 한다. 이는 채소나 생선에 있는 여분의 수분을 제거하거나, 어패류의 비린내를 제거하는 작용을 한다. 동시에 **유해 물질도 제거하는 효과**가 있다. 단, 절인 식초와 씻은 식초에는 유해 물질이 들어 있으므로 이를 마시거나 다시 사용하지 않도록 한다. 특히 원액의 식초보다 물에 **반 정도 희석시킨 식초가 유해 물질을 제거하는 힘이 강하다.** 예로부터 사용해 온 '희석초'가 지혜로운 방법이다. 또한 초절임을 할 때는 일단 물로 2분의 1 정도 희석하여 10분쯤 담가둔 다음 사용하는 것이 좋다.

(1) 감초 절임

재료를 감초 등에 절이는 것. 신맛이 들게 하거나 색을 내는 목적으로 사용한다. 서양 요리의 피클 등이 그 예이다. 장기간 보존하기보다는 20~30분 정도 담가두었다가 바로 먹을 수 있으며, 대개 4일 정도 보존할 수 있다. 생선구이에 곁들이는 초생강, 초절임 우엉 등이 있다.

(2) 식초로 씻기

어패류를 초절임할 때 하는 사전 처리 방법으로, 식초로 어패류의 표면을 씻는 것을 말한다. 식초를 원액 그대로 또는 같은 양의 물로 엷게 희석하여 씻은 다음 물기를 제거하여 조리에 사용한다. 비린내가 제거되며 살이 단단해진다. 술, 설탕, 소금을 넣어 조리하면 식초가 잘 스며들며, 생선의 껍질이 벗겨지기 쉽고 살균 효과도 있다.

식초나 식촛물에 장시간 담가두면 감칠맛이 빠져나가거나 살이 너무 단단해지며, 산미가 너무 강해지므로 살짝 씻는 것이 포인트이다.

(3) 초절임

생선의 사전 처리 방법 가운데 하나. 생선에 소금을 듬뿍 뿌려 3~4시간 후 가볍게 씻어낸 후, 마른 행주로 물기를 제거한 다음 식초에 담가둔다. 생선의 표면이 희어질 정도가 되면 꺼낸다. 새콤한 맛이 배며, 전갱이나 고등어, 정어리 등 지방 성분이 많은 등푸른 생선에 주로 사용된다.

배트
법랑질로 되어 있고 바닥이 평평한 사각형 접시. 사진 현상·요리 등에 쓰인다.

> **메모 하나**
>
> ### 고등어회 사전 처리법
>
> 먼저 볼에 3장 뜨기 한 고등어를 담고, 전체적으로 희어 보일 정도로 소금을 양면에 뿌린다. 소금이 녹으면 랩을 씌워 냉장고에 넣고 약 1시간 정도 둔다(염장). 그다음 고등어 전체를 물로 씻어 표면의 소금기나 비린내를 제거한다. 키친타월로 물기를 제거한다. *배트에 가지런히 올려놓고 고등어가

잠길 정도로 식초를 넣은 뒤 약 20분 정도 그대로 둔다(초절임). 그런 다음 잔가시와 껍질을 제거하고 먹기 좋은 크기로 썬다. 이렇게 만든 고등어회는 염장법과 초절임의 원리를 이용한 고전적 사전 처리 방법으로 만든 것이다.

(4) 희석초

정종, 맛술 등을 넣어 식초의 맛을 부드럽게 한 것을 말한다. 요리의 맛을 낼 때, 원액 식초는 맛이 너무 강하다 싶을 때 사용한다.

3) 간장으로 하는 사전 처리

식재료를 씻을 때 간장을 쓰면 식재료에 여분의 물기나 나쁜 냄새 등을 제거하는 작용을 한다. 이때 식재료에 들어 있는 유해 물질도 용출되는 효과가 있다. 생간장보다는 반 정도 엷게 희석한 것이 훨씬 효과가 크다. 이러한 방법은 예전부터 사용되어 온 선조들의 지혜이다.

시금치를 데친 후 간장에 씻은 다음 무친 시금치는, 남아 있는 농약이나 다이옥신, 초산염 성분도 줄어들기 때문에 안심할 수 있는 대표적 사전 처리 방법이다.

(1) 간장에 씻기

어패류나 육류, 채소류 등에 쓰는 사전 처리 방법이다. 채소에서는 무침이나 숙채 등을 사전 처리 시에 자주 쓰는 방법이다. 재료에 간장을 약간 뿌려 가볍게 무친 다음 물기를 짠다. 맛이 엷게 들면서 동시에 여분의 물기나 나쁜 냄새 등이 제거된다. 또한 양념이 잘 스며든다.

시금치와 같은 녹색 채소를 숙채로 만들 때, 데친 다음 간장으로 씻어 무치면 싱거워지지 않고 맛이 좋다.

(2) 희석 간장

간장에 정종, 맛술, 맛국물을 넣어 간장의 맛을 엷게 한 것이다. 식초를 넣을 때와 마찬가지로 요리의 맛을 내기도 하고, 생간장만으로는 그 맛이 너무 강할 때 희석한 간장을 사용한다.

4) 된장으로 하는 사전 처리

된장절임에 사용하는 **된장은, 식재료에서 유해 물질을 제거하는 효과가** 있다. 단, 된장절임에 사용한 된장은 제거된 유해 물질을 함유하고 있으므로 아깝다고 생각하지 말고 버리도록 한다. 또한 묻어 있는 된장은 잘 씻은 후 먹도록 한다.

(1) 된장절임

백된장
일본된장(미소)은 적된장과 백된장으로 나뉘며, 용도에 따라 다르므로 그 쓰임을 알아두는 것이 좋다.

된장으로 절인 장아찌는 장기간 절인 것과 단기간 절인 것이 있다. 전자는 적된장을 사용한 것이고, 우엉된장절임, 가지된장절임, 무된장절임 등이 유명하다. 후자는 맛술을 넣은 *백된장을 사용하며 특히 흰살 생선에 사용된다. 최근에는 삼겹살을 된장에 박아서 구워 먹기도 한다.

5) 술지게미 절임을 이용한 사전 처리

술지게미 절임에 사용하는 술지게미는, **된장과 같은 식재료로서 유해 물질을 제거하는 효과가 있다.** 단, 된장과 마찬가지로 사용한 술지게미는 용출된 유해 물질이 들어 있으므로 버리도록 한다.

(1) 술지게미 절임

채소, 생선, 육류 등을 술지게미에 담가둔 것으로, 독특한 향과 감칠맛이 있다. 특히 박과류의 절임으로는 *나라즈케가 있다. 주박을 소주와 소금으로 주무른 후 소금으로 사전 처리를 한 식재료를 박아둔다.

나라즈케
술지게미에 채소 따위를 절인 식품.

4. 조리의 사전 처리 9가지

1) 비늘 벗기기

생선을 요리하기 전에 꼭 해야 하는 사전 처리 과정으로, 생선의 비늘을 제거하는 것이다. 비늘 제거용 기구를 사용하자.

2) 껍질 벗기기

생선의 껍질을 벗기는 것. 특히 생선회를 뜰 때 자주 이용한다.

3) 긁어내기

긁어내기, 깎아내기, 채소 껍질이나 생선 비늘 벗겨내기에 이용하는 방법이다. 우엉이나 생강을 조리할 때는 껍질을 칼로 깎지 않는다. 대신 칼 등을 이용하여 껍질을 긁어낸다. 이것은 껍질에 풍미가 있기 때문이다. 토란의 껍질은 수세미로 긁어낸다.

-1 긁어내기, 깎아내기, 벗겨내기 같은 사전 처리 방법은, 생선에서는 비늘, 채소에서는 표피를 제거하는 것이다. 칼로 깎아내기보다는 껍질을

얇게 긁어낸다. 이로써 생선의 환경오염 물질이나 채소에 남아 있는 농약, 다이옥신 등을 줄일 수 있다. 이러한 유해 물질이 표면에 많이 남기 때문이다.

4) 핏물 제거
살이나 내장의 피를 제거하는 것이다. 혈액이 많이 들어 있으면 누린내가 강하고 부패하기 쉬우며 요리가 맛이 없어진다.

보통 2% 정도의 소금물에 담가 손으로 문질러 씻는 것을, 물이 탁해지지 않을 때까지 몇 번에 걸쳐 반복한다. 특히 간이나 고래 고기 등을 이 방법으로 처리한다.

-1 유해 물질은 혈액에 따라 살이나 내장으로 이동한다. 따라서 핏물을 빼는 것은 유해 물질을 줄이는 방법이기도 하다.

5) 살을 단단하게 하기
소금을 뿌리거나, 식초에 담그거나 하여 여분의 수분을 제거하여 단백질을 단단하게 하면 살에 탄력이 생긴다.

-1 수분을 제거하는 것은 유해 물질을 끌어내어 줄이는 것이다.

6) 세정
재료를 체에 담아 냉수나 소금물 안에서 체를 흔들어 씻는 것. 굴이나 조갯살 등은 이렇게 씻으면 살이 부서지지 않는다.

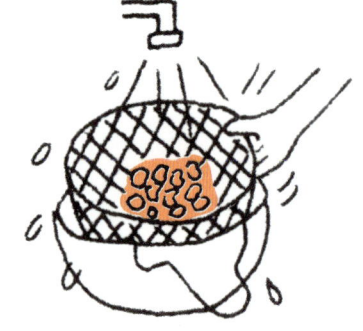

-1 세정하여 재료 표면의 오염 물질을 줄인다.

7) 등 내장 제거

등 내장은 새우류의 껍질 안에 들어 있는
검은 선과 같은 내장을 말한다. 모래가
들어 있기 때문에 씹히거나 안 좋은 냄
새의 원인이 되므로, 조리할 때 제거
한다. 깐 새우는 이쑤시개로 찔러서 잡아당
긴다. 껍질이 있는 것은 새우를 둥글게 구부린 후
머리에서 두 번째 마디에 이쑤시개를 찔러서 잡아당
긴다.

-1 환경오염 물질, 특히 유기수은은 대가리나 등 내장에 축적되어 있다. 그
러므로 등 내장을 제거하는 사전 처리는 이러한 환경오염 물질을 줄이는
효과가 있다.

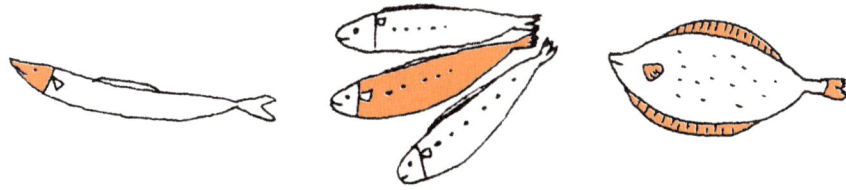

8) 씻기

생선회의 일종으로 실처럼 가늘게 썬 회를 냉수에 씻으면, 생선살의 근육이 수축한다.

신선한 생선살을 냉수에 씻으면 단단하게 수축하는 것을 이용한 방법이다. 쫄깃쫄깃하여 씹히는 맛이 독특하며, 냉수에 씻음으로써 지방이 제거되어 산뜻하고 담백하다.

생선에 따라 씻기에 적합한 생선과 그렇지 않은 생선이 있다. 잉어, 붕장어, 농어, 도미 등은 씻기에 적합하다. 청량감이 넘치는 여름철에 적합한 요리로, 특히 잉어가 유명하다.

-1 냉수로 씻으면 오염 물질이 줄어든다. 특히 지방량이 감소하여 염소계 화학 물질이나 다이옥신이 줄어든다.

9) 센 불에서 거리를 두고 굽기

생선구이를 할 때에는 어머니, 할머니들의 지혜인 '센 불에서 멀리 떨어져 굽기'를 활용한다. 생선구이를 할 때 가장 좋지 않은 방법은 약한 불에 가까이 다가서서 굽는 것이다.

-1 생선의 단백질은 고온 가열에 따라 생성되는 강한 변이원성 성분(발암 우려가 있는 물질)에 트립프 p1, 트립프 p2가 있다. 트립프 p1, p2는 400℃ 이상의 고온일수록 많은 발암 물질을 발생시킨다.

생선을 구울 때 가장 변이원성이 생성되기 쉬운 상태는 수분이 적고 단백질이 많은 상태이다. 그렇다면 약한 불에 가까이서 굽는 것은 왜 좋지 않을까.

약한 불에 가까이서 굽는 것은 중심까지 익는 데 시간이 걸리기 때문에, 수분이 증발하여 수분의 증발열에 따라 온도가 떨어진다. 즉 수분이 적고 단백질은 많은 고온 가열 상태, 즉 가장 변이원성이 되기 쉬운 상태가 되기 때문이다.

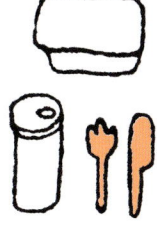
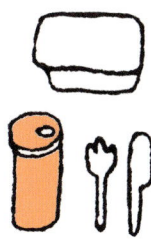

03 무심코 먹지 마라

"날것으로 먹을 경우에는 채를 썰거나 적당히 썰어서 물에 헹구면, 농약 성분이나 다이옥신, 초산염이 남아 있더라도 자른 단면에서 물에 녹아 나오므로 오염 물질을 줄일 수 있다."

"연근은 긴 섬유질로 이루어져 있으므로 껍질을 길게 벗긴다. 그런 다음 둥글게 썰기나 마구 썰기 방식으로 썰어, 식촛물에 담가둔다. 이로써 갈변을 방지할 수 있다."

"또한 껍질째 레몬 티에 띄울 경우, 레몬을 그대로 둔 채 마시지 말고, 향이 배고 나면 꺼낸다. 시간이 지날수록 방부제가 용출되기 때문이다."

무심코
먹지 마라

03

1. 채소

사전 처리로 줄일 수 있는 채소의 주요 유해 물질

남아 있는 농약, 초산염, 다이옥신 성분은 사전 처리로 줄일 수 있다. 이러한 물질들이 축적되기 쉬운 부분은 각각 다음과 같다.

남아 있는 농약 성분

물에 녹는 농약(특히 채소 질병을 방지하는 살균제가 많다)은 채소의 표면에 많이 남아 있다. 기름에 녹는 농약(특히 해충을 방지하는 살균제가 많다)은 채소의 표면 바로 밑층에 있는 큐티쿨라cuticula 층에 녹아 들어가 있

어, 채소의 내부까지는 침투하지 않는 것이 많다.

초산염

화학비료를 너무 많이 사용하면 대기 중에 질소화합물이 증가하며, 고농도 초산염을 함유한 채소(특히 잎채소)가 시장에 많이 유통될 우려가 있다. 초산염은 가열하면 아초산염으로 변하여 체내에 들어가서 유해물질을 만들 수 있다. 초산염은 물에 녹기 쉬워, 채소 전체에 그 성분이 남을 가능성이 있다.

다이옥신

환경호르몬(내분비 교란 물질) 중에서도 독성이 강하다. 가장 축적되기 쉬운 곳은 채소의 표면이며, 대기 중에 다이옥신은 티끌 속의 미세한 분자에 붙어 있다. 표피 밑에 있는 유충도 다이옥신이 축적되기 쉬운 부분이다. 채소의 기공을 통하여 대기 중의 가스 속에 다이옥신이 축적되어 있다. 모든 채소가 그렇지만, 특히 뿌리채소는 다이옥신에 오염된 토지 표면에 붙어 있기 때문에 주의해야 한다.

1) 잎채소의 사전 처리 안심 포인트

(1) 양배추

안심 포인트는 간단하다. **가장 바깥에 있는 잎사귀를 제거하는 것**이다. 바깥쪽에 있는 잎사귀일수록 오래된 것이고, 안쪽에 있을수록 신선한 잎사귀이다. 그러므로 바깥쪽 잎은 가장 처음 나와서 가장 오랜 기간 농약을 묻히고 있어, 농약 성분이 많이 남아 있는 부분이다.

다이옥신이 붙어 있을 위험도 크다. 따라서 가장 바깥쪽 잎 한 장만 떼어내면 그다음부터는 유해 물질이 확 줄어든다. 제거한 잎사귀가 아깝다고 생각지 말고 버리자.

또한 날것으로 먹을 경우에는 채를 썰거나 적당히 썰어서 물에 헹구면, 농약 성분이나 다이옥신, 초산염이 남아 있더라도 자른 단면에서 물에 녹아 나오므로 오염 물질을 줄일 수 있다. 롤 양배추는 양배추의 잎을 살짝 데쳐서 내용물을 넣고 말아서 만드는 요리이다. 때문에 유해 물질이 뜨거운 물에 녹아 흘러내리기 때문에 안심할 수 있다. **볶음 요리를 할 때에도 30초간 데쳐서 사용**하면 좋다. 원래 남아 있는 농약 성분이 적으므로 30초면 그 효과가 충분하다.

(2) 양상추
양상추의 안심 포인트도 **바깥쪽의 잎을 벗겨내는 것**이다. 농약이나 다이옥신은 대부분 바깥에 남아 있기 때문이다. 양상추는 해충에 약하고 농약을 뿌리는 횟수도 많기 때문에, 바깥쪽 잎을 제거하면 불안감을 해소할 수 있다.

(3) 상추
양상추와 달리 병충해에 강한 것이 특징이다. 농약을 그다지 사용하지 않으므로 확실하게 씻는다면 불안해할 일은 거의 없다. 바깥쪽 잎사귀를 떼어낼 필요도 없다. 상추 잎을 한 장씩 떼어내어 **볼에 넣고 흐르는 물에 5분 정도 담가둔다. 그런 다음 5회 정도 씻는다.** 이렇게

사전 처리를 해두면 표피에 농약이나 다이옥신 성분이 붙어 있더라도 떨어져 나간다. 상추에는 초산염이 들어 있을 우려가 없다.

(4) 시금치

시금치는 농약 성분이나 초산염이 많이 남기 때문에 주의해야 할 채소이다. 그렇다고 시금치를 안 먹을 수는 없다. 영양 면에서 충실하기 때문에 선택법이나 사전 처리에 신경을 써서 현명하게 섭취하면 좋다.

먼저, 볼에 넣어 흐르는 물에 5분 정도 담가둔다. 그런 다음 5회 정도 씻는다. 흐르는 물에 담가두면 물에 용해되어 흘러나오는 농약들이 다시 들러붙는 것을 막을 수 있다. 다음에는 **2㎝ 길이로 잘라, 충분히 끓인 뜨거운 물에서 30초~1분간 데친다.** 썬 후에 데치는 것이 포인트이다. 썬 표면의 하층(큐티쿨라 층)을 노출시키면 뜨거운 물에 농약, 초산염, 다이옥신 등이 제거되기 쉽다.

2cm 폭으로 썬다　　　　　30초~1분간 데친다　　　　냉수에 담갔다가 물기를 짠다

썬 후에 데치면 음식을 담을 때 모양이 흐트러져서 보기 싫을 수도 있으나, 가정에서 먹을 때에는 안심하고 먹을 수 있는 것이 최고. 썬 후에 데치는 것이 훨씬 안심된다. 맛도 결코 떨어지지 않는다. 단, 2㎝보다 짧게 썰면 씹히는 맛이 없으므로 주의한다.

데친 뒤 냉수에 넣어 빠르게 식히고, 흐르는 물에 담가 불순물을 제거한 뒤 꽉 짠다. 이렇게 하면 농약이나 다이옥신뿐만 아니라 시금치에 많은 초산염이나 수산도 빠져나간다. 버터에 볶을 때에도 이렇게 사전 처리를 한 뒤 조리하도록 한다.

(5) 소송채

소송채는 남아 있는 농약 성분이나 초산염이 많아 주의해야 할 채소이다. 여기서 사전 처리는 먼저 뿌리 쪽의 잎사귀를 벌려서 흐르는 물에 잘 씻는 것이다. 그러면 표면에 있던 농약이나 다이옥신이 제거된다. 2㎝ 폭으로 자른 다음, 충분히 뜨거운 물에 1분 정도 데쳐서 흐르는 물에 씻어 물기를 제거한다. 데치기 전에 자르는 이유는, 표피 밑의 큐티쿨라 층을 노출시켜서 살충제나 초산염 등이 뜨거운 물에 배출되기 쉽게 하기 위해서이다.

데치는 시간이 1분 정도라는 것은, 안심을 위해서뿐만 아니라 비타민 C의 손상을 줄이기 위해서이다. 이보다 오래 데치면 비타민 C가 많이 파괴된다.

(6) 쑥갓

쑥갓도 농약이나 초산염 성분이 많이 남기 쉬우므로 주의가 필요한 채소이다. 여기서 사전 처리의 포인트는 씻는 방법과 데치는 것이다. 살짝 물을 묻히는 정도로 씻는 것은 안 된다. 식탁에 많이 올라오는 잎채소이므로 일상적으로 확실하게 씻는 습관을 들여야 안심하고 먹을 수 있다.

볼에 넣어 흐르는 물에 5분 정도 담가둔다. 그런 다음 5~6회 정도 씻어서 건진다. 이렇게 하면 표피에 남아 있는 농약이나 다이옥신은 제거된다.

냉수에 5분간 담갔다가
5~6회 헹군다

씻을 때 흐르는 물을 사용하는 것은 물에 용해된 오염 물질이 다시 들러붙는 것을 막기 위해서이다. 또한 데치는 것도 포인트이다. 일단 데친 후 그 물을 버린다. 숙채나 무침을 할 때에는 당연한 조리법이지만, 이것을 전골 요리에 사용할 때 씻어서 자른 다음 그대로 사용하는 경우가 많기 때문에 **일단 데쳐서 사용하도록 한다.**

(7) 배추

안심할 수 있는 사전 처리 포인트는 **바깥쪽의 잎사귀를 버리는 것**이다. 일단 오래된 바깥쪽 잎사귀에는 농약이나 다이옥신이 다량으로 붙어 있을 수 있다. 실험 결과를 보더라도 바깥쪽 1~2장째와 3~4장째를 비교해 보면 농약을 살포한 뒤 3주 후에 잔류량이 3배가량 차이가 난다. 특히 안쪽은 거의 잔류량이 없어진다. 또한 배추는 초산염이 들어 있을 위험은 없는 채소이다.

(8) 청경채

사전 처리 포인트는 **잎사귀를 한 장씩 뜯어서 씻는 것**이다. 농약이나 초산염이 남아 있을 가능성이 적은 채소이기 때문에 뿌리만 잘라내고 씻으면 괜찮지만, 이를 키운 토양에 다이옥신 성분이 남아 있을 염려가 있다. 흐르는 물에 잎사귀를 한 장씩 씻어, 뿌리 안쪽에 붙은 흙을 깨끗이 떼어낸다. 그런 다음 **적당하게 잘라 데치면 OK.** 남아 있는 농약이나 다이옥신도 용출된다. 청경채는 데친 뒤 물에 헹구어낼 필요가 없다. 그냥 체에 밭치고 펼쳐서 식힌다.

(9) 신선초

신선초는 농약이나 다이옥신, 초산염의 유해 요소가 거의 없는 채소이다. 신선초는 오늘 잎사귀를 따도 내일이면 새로운 잎사귀가 나온다고 할 정도로 생육이 빠르기 때문에 유해 물질이 남아 있을 기간이 없다. 잎채소는 데치는 것이 원칙인데, 신선초는 **데치지 않고 그대로 볶음이나 튀김에 사용해도 상관없다.**

(10) 모로헤이야molokheiya

사전 처리로 유해 요소를 줄일 수 있는 방법은 자른 후 데치는 것이다. 흐르는 물에 씻은 다음 2㎝ 정도로 자른다. 충분히 끓인 물에 뿌리부터 먼저 넣고 1~2분간 데친다. 냉수에 담가 잘 씻은 뒤 물기를 짠다. 국에 사용할 경우에도 마찬가지로 자른 후 데치는 조리법을 생략하지 말아야 한다.

　모로헤이야는 이집트 원산으로 영양이 풍부한 채소이다. 시금치보다 수산이 많기 때문에, 자른 후 데치면 표피층(큐디쿨라 층)에 남아 있는 농약이나 다이옥신, 내부의 초산염, 수산을 줄일 수 있다.

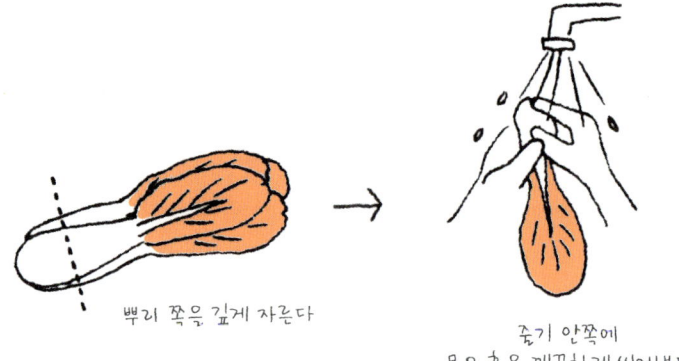

뿌리 쪽을 길게 자른다

줄기 안쪽에
묻은 흙을 깨끗하게 씻어낸다

2) 뿌리채소의 사전 처리 안심 포인트

(1) 양파

먼저 뿌리와 잎 부분, 즉 양파의 위아래에 얄팍하게 칼집을 넣은 뒤 잎사귀 쪽부터 껍질을 벗긴다. 지하에서 자랐으므로 식용 부분은 이 정도로 충분하며, 농약이 붙어 있을 가능성은 없어진다. 더욱 안전을 기하기 위해서는 **껍질 안의 약간 초록빛을 띤 것 한 장을 떼어내면** 완벽하다. 다져서 사용하면 더욱 안전하다.

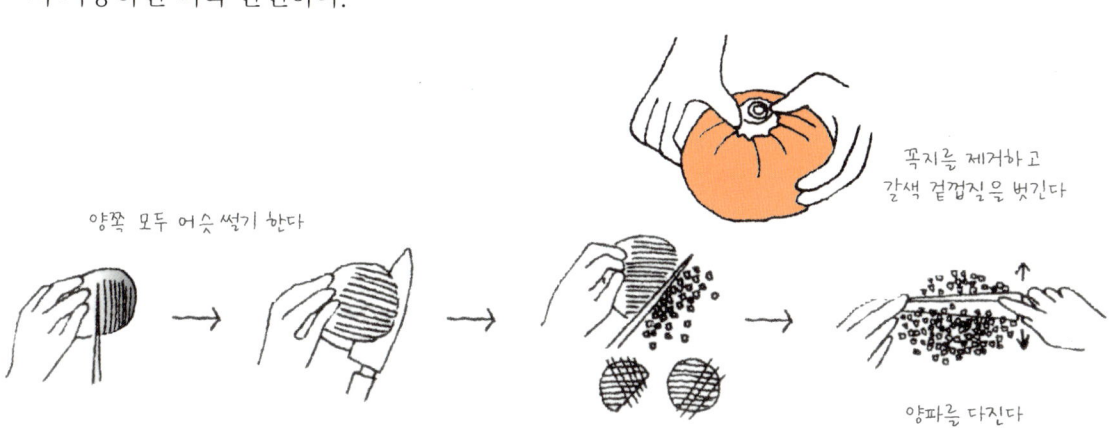

꼭지를 제거하고
갈색 겉껍질을 벗긴다

양쪽 모두 어슷썰기 한다

양파를 다진다

안심조리

물에 헹군 양파

양파를 물에 헹구는 것은 안심하고 먹을 수 있는 방법이라 할 수 있다. 얇게 썰어서 소금을 약간 뿌리고, 행주로 싸서 흐르는 물에 가볍게 주물러 헹군 다음 살짝 짠다. 이렇게 하면 남아 있는 유해 물질이 있더라도 거의 밖으로 배출되므로 안심하고 먹을 수 있다. 이렇게 만든 양파 슬라이스는 샐러드로 사용하거나 삼배초(식초보다 물을 3배로 하여 희석한 것)나 가다랑어포 등을 얹어서 먹는다.

(2) 감자

먼저 **흐르는 물에 스펀지를 이용하여 문질러 씻는다.** 흙을 깨끗하게 제거하면 다이옥신의 유해 물질도 없어지고, 표피의 농약도 제거된다. 껍질을 벗겨내면, 표피 밑의 큐티쿨라 층까지 침투한 농약이나 다이옥신에 대한 불안감도 사라진다. 껍질을 두껍게 벗길 필요는 없으나 초록색을 띠는 부위는 벗겨내고 싹이 난 부분도 떼어낸다. 이유는, 녹화한 부분이나 싹이 난 부위는 유해 물질인 솔라닌 때문에 식중독 우려가 있기 때문이다.

(3) 고구마

흐르는 물에 박박 문질러 씻으면 발색제도 제거된다

흐르는 물에 스펀지를 이용하여 5회 정도 씻는다. 이로써 남아 있는 농약이나 다이옥신 성분도 제거된다. 만일 발색제(인산염 등)를 사용했다 해도 마찬가지로 제거된다. 특히 **껍질을 두껍게 벗기면 완벽하다.** 껍질의 바로 안쪽에 있는 힘줄과 같은 부위까지 벗겨버리면 안전하다.

(4) 토란

먼저 수세미를 이용하여 **물에 씻으면서 껍질을 벗긴다.** 토란은 병충해에 강하기 때문에 농약은 비교적 적게 치지만, 토양에 다이옥신이 있을 염려가 있으므로 확실하게 씻는다.

다음으로는 불순물 제거이다.

껍질을 벗긴 토란을 볼에 넣고 소금을 뿌려 손으로 문질러서 점액질을 제거한 다음 물에 씻는다. 충분히 잠길 정

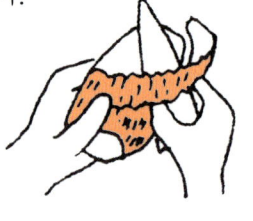

껍질을 벗긴다

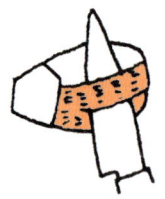

육각형이 되도록 길이로 벗겨낸다

도로 물에 넣고 **3~4분간 데쳐** 체에 건진다. 유해 물질이 남아 있다 해도 이런 방법으로 하면 제거된다. 이렇게 사전 처리를 한 뒤 조미하여 조리하면 OK.

참고로 껍질을 벗길 때에는 둥글게 벗기기, 육방형 썰기를 활용할 수 있는데, 둥글게 벗기기는 토란의 모양을 살려서 그대로 껍질을 벗겨내는 것이다. 육방형 썰기는 토란의 위아래를 잘라내고 옆의 둥근 단면을 육각형으로 나눠 벗겨내어 전체적인 형태가 육각형이 되도록 깎아내는 것이다. 다져서 사용하면 더욱 안전하다.

(5) 산마

뿌리채소의 경우 농약이 묻어 있을 가능성은 높지 않지만 토양 오염 때문에 다이옥신이 들어 있을 우려가 있다. **흐르는 물에 스펀지를 이용하여 5회 정도 문질러 씻는다.** 이것으로 흙에 남아 있는 다이옥신의 유해 성분을 해소할 수 있다. 또한 껍질을 두껍게 벗겨내기만 해도 표피 밑에 있는 유해 물질이 제거된다.

갈변을 방지하기 위해 **자른 즉시 식촛물에 헹군다.** 예로부터 사용한 이러한 방법은 실로 현명하다 할 수 있다. 만일 농약과 다이옥신이 남아 있더라도 이 과정을 통해 용해되어 나온다.

껍질을 벗긴다

(6) 당근

먼저 스펀지를 사용하여 흙을 제거하고, **껍질을 벗겨 꽃 모양의 틀을 사용하여 찍어낸다.** 껍질 부분을 제거하면 표피 밑 큐티쿨라 층에 쌓여 있는 농약(살충제나 토양 해독제 등)을 제거할 수 있다. 다이옥신은 토양에서 당근의 큐티쿨라 층

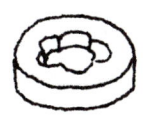 

틀을 이용하는 것도 좋다

까지 침투하지는 않기 때문에, 흙만 제거하면 안심할 수 있다.

(7) 우엉

우엉은 원래 토양 속에서 자라기 때문에 농약에 직접 영향을 받지 않는다. 그렇다 해도 토양 속에 함유되어 남을 다이옥신 문제가 있고, 요즘도 염소계 농약이 있을 수 있으므로 마음을 놓을 수는 없다.

이러한 유해 요소를 없애기 위해서는 먼저 **수세미를 이용하여 흐르는 물에 박박 문질러 씻어서** 흙을 제거한다. 그런 다음 칼등을 이용하여 **껍질을 벗겨낸다.** 예로부터 사용했던 방법으로 표피 하층인 큐티쿨라 층에 침투하고 있는 유해 물질을 제거하기 위해서도 이 방법이 가장 좋다.

칼등을 이용하여 껍질을 벗긴다

안심
조리

연필 깎기 썰기

자른 후 조리는 방법도 있으나 가장 현명한 방법은 연필을 깎듯이 썰어내는 것이다(83쪽 참조). 칼을 이용하여 연필 깎기 썰기를 한 우엉을 식촛물에 15분 정도 담가둔다. 이때 사용하는 식촛물은 물 3컵, 식초 1큰술이다. 식촛물은 유해 물질을 제거하는 힘이 강하고, 연필 깎기 썰기는 식촛물에 닿는 면적이 넓어 이로써 표피층에 다이옥신이 남아 있을 가능성이 줄어든다.

식초1큰술   물3컵

(8) 무

흐르는 물에 스펀지로 문지른다

흐르는 물에 스펀지를 이용하여 문질러 씻는다. 뿌리 부분은 농약이 직접 닿지 않기 때문에 잎채소처럼 물에 담가둘 필요는 없다. 그래도 걱정이 된다면, 다이옥신에 오염된 토양이므로 흙을 깨끗하게 닦아내면 OK. 무는 껍질을 벗겨 사용하기 때문에, 만약 농약의 살균제나 살충제가 큐티쿨라 층에 침투했다 해도 제거할 수 있어서 안심이다.

무 잎사귀 요리

된장국이나 볶음 요리에 무 잎사귀를 사용할 경우 직접 냄비에 넣지 말고, 잎채소와 같은 방식으로 사전 처리를 한다. 먼저 흐르는 물에 잘 씻어 2㎝ 정도 잘라 끓는 물에 약 2분간 데친다. 냉수에 담가 식힌 다음 물기를 짜면 안심할 수 있는 식재료가 된다.

(9) 순무

생육도 빠르고 땅속에서 자라기 때문에 농약에 직접 영향을 받지 않아, 비교적 걱정이 적은 채소이다. 단, 초산염은 약간 많은 편이다. 먼저 **흐르는 물에 30초 정도 손으로 문질러 씻는다.** 씻을 때 대충 물만 묻혀서 씻는 경우가 있으나, 농약이 묻어 있을 염려는 적어도 토양에 다이옥신이 묻어 있을 수 있기 때문에 이를 염두에 두고 확실하게 씻는 것이 좋다. 그런 다음 **껍질을 벗겨서 사용**하면, 큐티쿨라 층에 유해 물질이 남아 있더라도 제거할 수 있다.

감초 절임

가장 현명한 조리법이다. 껍질을 벗긴 순무를 얇게 썰거나 국화 모양으로 썰

둥글게 썰기

기(84쪽 참조)하여 가로세로 가늘게 칼집을 넣는다. 볼에 넣어 소금을 뿌리고, 숨이 죽으면 물에 헹궈 물기를 짠다. 이것으로 유해 물질이 줄어든다. 감초를 만들 때는 먼저 그 반의 분량으로 담가 10분 후에 건져낸다. 이것으로 남은 유해 물질을 더욱 줄일 수 있다. 남은 감초에 송송 썬 홍고추를 넣으면 반나절이 지난 후 먹을 수 있다.

즉시 냉수에 헹군다

(10) 연근

흐르는 물에 스펀지를 이용하여 흙을 제거한 다음, 껍질을 벗겨 식촛물에 담근다. 이렇게 익숙한 순서를 거치면 유해 물질을 해소할 수 있다. 연근은 긴 섬유질로 이루어져 있으므로 껍질을 길게 벗긴다. 그런 다음 둥글게 썰기(78쪽 참조)나 마구 썰기(81쪽 참조) 방식으로 썰어, 식촛물에 담가 둔다. 이로써 갈변을 방지할 수 있다.

농약이나 다이옥신이 남아 있더라도, 식촛물이 제거하는 역할을 하므로 안심도도 높다. 식촛물은 물 2컵에 식초 2작은술의 비율로 한다.

5회 정도 잘 문질러 씻는다

3) 열매채소의 사전 처리 안심 포인트

(1) 오이

오이를 안심하고 먹기 위해서는, 예로부터 전해 내려오는 지혜로운 사전 처리 방법인 **도마에 문지르기**(71쪽 참조)를 하면 좋다. 먼저 **흐르는 물에 문질러 씻어서** 표피에 부착된 살균제나 다이옥신 성분을 제거한다. 그런 다음 도마에 올려놓고 소금을 뿌려 양손으로 가볍게 굴린다. 소금으로 오이에 상처를 내어, 표피 밑에 스며들어 있는 살충제 성분을 빼낸다. 그

소금을 뿌려
가볍게 굴려준다

런 다음 다시 오이를 흐르는 물에 씻어 소금기를 제거한다.

오이 샐러드

도마에 오이를 문지른 다음 동글게 썰기(81쪽 참조) 한다. 소금을 뿌려 한참 둔 다음 가볍게 물기를 짜서 샐러드로 사용한다.

초무침

오이를 문지른 다음 얇게 썰어, 배합초(식초 1 : 1의 비율)에 5분 정도 담가둔다. 이 비율로 섞었을 때 농약을 최대한 제거할 수 있다. 건져낸 후 짜서 삼배초 등으로 버무린다.

(2) 피망

사용하기 전에 채를 썰어(82쪽 참조) 데치는 것이 좋다. 먼저 **흐르는 물에 확실하게 씻어** 표피에 남아 있는 농약이나 다이옥신을 제거한다.

채를 썬 후 끓는 물에 30초 정도 살짝 데쳐 냉수에 식힌다. 이렇게 하면 큐티쿨라 층에 남아 있는 유해 물질도 줄어든다. 고기를 채워서 사용할 경우에도, **반을 자른 다음 살짝 데쳐 사용하도록 한다.**

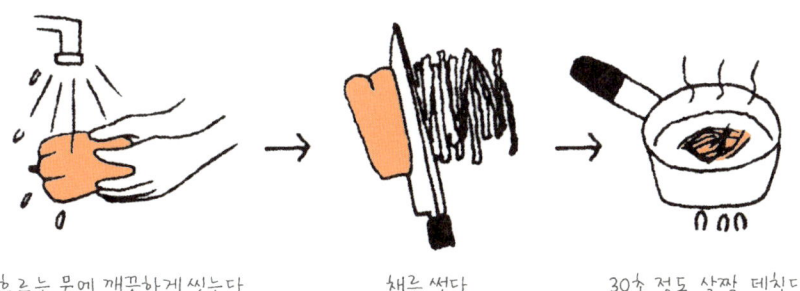

흐르는 물에 깨끗하게 씻는다   채를 썬다   30초 정도 살짝 데친다

피망은 하우스 재배가 많아 농약을 많이 사용할 수밖에 없으므로, 이러한 방법으로 사전 처리를 해야 안심할 수 있다.

(3) 토마토

병충해에 약한 채소이므로 농약을 뿌리는 횟수가 많다. 특히 비닐하우스 제품은 살균제나 살충제의 잔류량이 많다. 따라서 반드시 **껍질 벗기기**(76쪽 참조)를 습관화한다. 조리거나 볶는 것뿐만 아니라, **샐러드에 사용하는 경우도 반드시 껍질을 벗겨서 사용하는 것**이 안심 원칙이다.

먼저 **흐르는 물에 30초 정도 손으로 문질러 씻어,** 표피에 남아 있는 농약 성분을 제거한다. 꼭지의 반대편에 열십자로 칼집을 넣는다. 국자에 올려놓거나 포크 등으로 찔러서, 끓는 물에 15분 정도 담갔다가 꺼낸다. 칼집을 넣었던 부분부터 껍질이 일어난다. 바로 냉수에 넣어 식힌 뒤 **껍질을 벗긴다.** 이로써 물로 헹궜을 때 제거되지 않았던 큐티쿨라 층에 침투한 농약 성분이 제거된다.

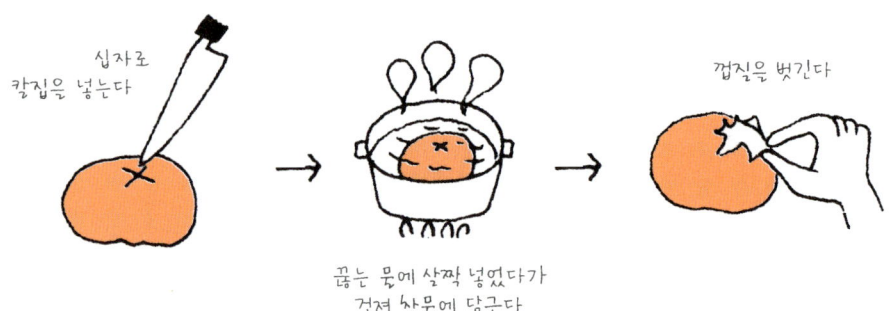

십자로
칼집을 넣는다

껍질을 벗긴다

끓는 물에 살짝 넣었다가
건져 찬물에 담근다

(4) 가지

자른 후 물에 담가 **이물질을 제거한다.** 이 방법은 동시에 큐티쿨라 층에 남아 있는 살충제나 다이옥신 성분의 유해성을 해소할 수 있다. 가지는 병충해에 강하고 비교적 생육이 빨라, 농약이 묻어 있을 가능성은 그다지 크지 않다. 맛을 더 좋게 하기 위해서도 필요한 처리법이므로, 물에 담가두는 과정을 생략하지 말고 정확하게 지키도록 한다. 흐르는 물에 30초 정도 **문질러 씻어**, 자른 후 바로 물에 담가 물이 검게 될 때까지 둔다. **얇게 자를수록 유해 물질을 제거하는 효과는 높다.**

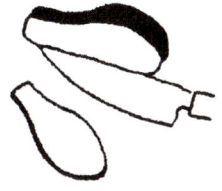

가능한 한 얇게 썬다

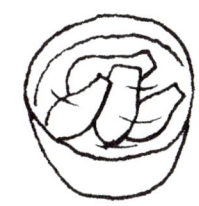

바로 물에 담가
갈변을 방지한다

> **안심조리 술지게미 장아찌**
>
> 안심하고 먹을 수 있는 조리 방법 중 하나로 술지게미 장아찌 담그기가 있다. 술지게미 속에 남아 있는 농약이나 다이옥신 등의 유해 물질이 녹아 나온다. 단, 술지게미 속에 이러한 유해 물질이 남아 있기 때문에 술지게미는 일 년에 한 번씩 갈아주도록 한다. 어떤 채소라도 마찬가지 방법을 쓸 수 있다.

(5) 단호박

흐르는 물에 수세미나 스펀지를 사용하여, 껍질을 슬슬 문질러 씻는다. 30초 정도 씻으면 표피에 남아 있는 농약 성분이나 다이옥신이 제거된다. 단호박을 조릴 때에는 칼로 긁어내기를 한 다음 자르는 것이 예로부터 전해 내려오는 지혜이며, 유해 물질을 제거하기 위해서도 이것이 빠져서는 안 될 포인트이다. **긁어내어 깎기**(85쪽 참조)는 자르기 쉽고 맛이 배기 쉬우며, 동시에 표피 밑에 쌓여 있는 유해 물질이 끓는 물에 의해 흘러나온다. 이 경우 껍질을 전부 깎아버리면 되지 않을까 하고 생각할 수 있으나 그렇게 하면 조리 중에 모양이 으깨어져버린다. 원래 국내산 단호박은 병충해에 강하고 농약 함유 우려가 그다지 크지 않으므로 긁

껍질을 군데군데 벗긴다

어내어 깎는 것만으로도 충분하다. **중국산은 긁어내어 깎는 사전 처리를 충실히 하자.**

(6) 오크라

안심 포인트는, **도마에 문지르기**를 하는 것이다. 흐르는 물에 30초 정도 씻은 후, 오크라 3~4개를 도마에 올려놓고 소금을 뿌린 다음 손바닥으로 문질러 소금을 전체적으로 퍼지게 하는 것이다. 이렇게 하면 *오크라의 잔털을 제거하는 동시에 표피에 생긴 상처에서 남아 있는 농약이나 다이옥신 성분이 흘러나온다. 그런 다음 그대로 끓는 물에 넣어 1분 정도 데치고 체에 건져 식힌다. 원래 남아 있는 농약이 적은 채소이므로 이렇게 하면 충분히 제거된다.

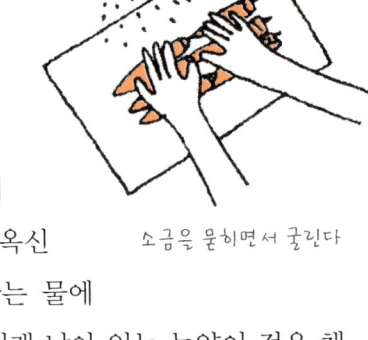

소금을 묻히면서 굴린다

오크라
아욱과에 속하는 털이 달린 일년생 초본식물.

4) 줄기채소의 사전 처리 안심 포인트

(1) 대파

안심 포인트는 **바깥쪽 잎을 한 장 벗겨버리는 것**이다. 대파의 식용 부위는 대부분 땅속에서 자라기 때문에 농약의 유해성에 대한 우려가 그다지 크지 않다. 따라서 이러한 방법을 이용하면 안심이다. 껍질을 벗기면 표피뿐만 아니라 농약이나 다이옥신 성분이 남아 있기 쉬운 표피의 밑층도 동시에 제거할 수 있

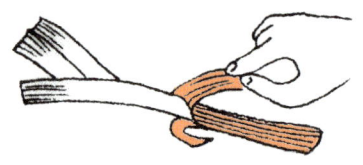

한 겹을 벗겨내면 다이옥신이 제거된다

다. 농약 성분이 염려되는 중국산 대파도 이 방법을 이용하면 안심이다.

(2) 콩나물

대부분 용기에서 재배하므로 다이옥신이 묻어 있을 염려는 없다. 포인트는 **콩나물의 뿌리를 따는 것과 물에 씻는 것**이다. 최근에는 뿌리를 따지 않고 그대로 사용하는 경우가 많으나, 귀찮아도 생략하지 않는 것이 좋다. 재배 시 사용되는 농약은 뿌리에 흡수되어 남는 경우가 많기 때문이다. 살짝 물에 헹궈서, **충분히 물에 담가** 아삭하게 만든다. 남아 있는 유해물질이나 표백제(인산염이나 염소계 화합물) 등을 사용한 경우에도 물에 녹아 흘러나온다.

(3) 그린 아스파라거스

병충해에 비교적 강하기 때문에, 농약에 대한 우려가 그다지 크지 않은 채소이다. 흐르는 물에 살짝 씻고 적당히 썰어 데치면, 농약 성분이 남아 있더라도 제거된다. 볶아서 사용할 때에도 **다시 반으로 잘라 2~3분 데치면** 더욱더 안심할 수 있다. 데치는 시간을 이 정도로 해두면 표피 밑의 농약이나 다이옥신 등이 줄어들고, 비타민 C도 파괴되지 않는다. 또한 그린 아스파라거스는 이물질이 적어 데친 후 물에 헹굴 필요가 없다.

2등분한다   3분 정도 데친다   체에 건져 식힌다

(4) 셀러리

생육 기간이 길고 병충해에 약하기 때문에, 농약 사용이 빈번할 수밖에 없는 채소이다. 따라서 사전 처리를 확실하게 해야 한다. 포인트는 **식촛물에 헹구는 것**. 먼저 줄기 부분에 있는 단단한 섬유질을 제거한 다음 줄기 부분을 흐르는 **물에 1~2분간 헹군다**. 표피에 묻은 농약이나 다이옥신 성분을 손으로 문질러서 제거한다. 2~3㎜의 두께로 동글게 썰기(81쪽 참조, 샐러드, 무침류 등), 길고 얇게 썰기(샐러드, 무침, 볶음 등), 비스듬히 썰기(무침, 볶음 등) 등 요리에 따라 써는 방법이 여러 가지이며, 가능한 한 얇게 써는 것이 더 안심할 수 있게 한다.

자른 셀러리를 물 3컵에 식초 1큰술을 섞은 식촛물에 **5분 정도 헹군다**. 이렇게 하면 농약이나 다이옥신 성분이 남기 쉬운 큐티쿨라 층의 노출 면적이 넓어져서 이물질이 식촛물에 녹아 나온다. 그런 다음 물에 헹군다. 스튜에 넣을 때에도 가능한 한 얇게 썰어, 식촛물에 헹궈 사용하는 것이 요령이다.

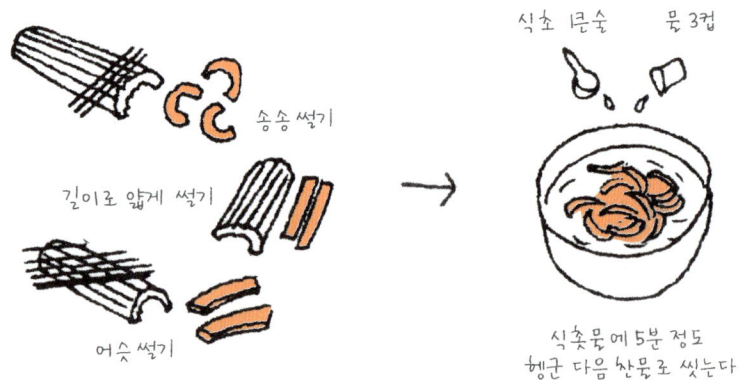

(5) 부추

향이 강하기도 하고 병충해에는 비교적 강해, 농약은 많이 사용하지 않는다. 그래도 초산염이 많이 들어 있기 때문에 주의해야 한다.

볼에 넣어 **흐르는 물에 5분 정도 담가둔 다음 건져서, 다시 흐르는 물에 5회 정도 헹군다.** 이로써 표피의 다이옥신이나 농약 성분이 제거된다.

2㎝ 정도 폭으로 썰어 살짝 데친다. 볶을 때에도 가능한 한 끓는 물에 데친 다음 볶는다. 초산염 등 남아 있는 농약 성분이 흘러나온다.

흐르는 물에 5분 정도
담가두었다가 5회 씻는다

5) 화채소의 사전 처리 안심 포인트

(1) 브로콜리

비타민 A·C·E·B가 듬뿍 들어 있는 화채소이다. 식물성 단백질, 식이섬유, 산화 방지 효과가 있는 미네랄의 셀렌 등도 풍부하게 함유되어 있는 만능 채소이다. 그뿐만 아니라 병충해에 강하고 식용할 수 있는 봉오리 부분은 잎으로 싸여 있어, 농약이나 다이옥신이 남아 있기 어렵다. 포인트는 **작게 나눠 데치는 것**이다. 이렇게만 해도 자른 단면에서 표피의 남은 유해 물질이 흘러나온다.

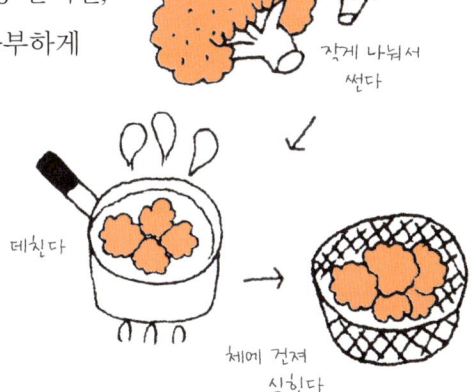

작게 나눠서
썬다

데친다

체에 건져
식힌다

(2) 콜리플라워

콜리플라워도 잎으로 싸여 있기 때문에 사전 처리를 약간만 해도 충분하다. 줄기의 심 부분과 잎을 깨끗하게 제거하여 봉오리만 사용하려면, **뿌리를 위로 하여 몇 분간 물에 담가둔다. 그런 다음 작게 나눠 데쳐 체에 건**

져서 식히면 된다.

콜리플라워 속의 비타민 C는 파괴되기 어렵다는 특징이 있기 때문에 7분 정도 데쳐도 상관없다.

데치면 비타민이 줄어든다?

시금치 등 잎채소는 비타민 A·C·E가 풍부하다. 그러나 데칠 때 비타민이 파괴된다고 생각하는데, 실은 그다지 걱정할 정도는 아니다. 예를 들어, 시금치의 카로틴(비타민 A)은 3분쯤 데쳐도 90%가량 남아 있다. 비타민 C는 데친 후에 손실이 크나, 1분간 데치면 74%가량 남아 있다. 비타민 E는 비교적 쉽게 파괴되지 않는 영양소이다. 한편 농약이나 초산염 등은 단시간 데치는 것만으로도 용출되기 때문에 1분 이내에 데치는 것이 현명한 방법이다.

6) 두류, 버섯류의 사전 처리 안심 포인트

(1) 청대콩

줄기에서 콩깍지를 떼어내어 흐르는 물에 살짝 씻는다. **소금을 뿌린 후 전체적으로 주무른 다음 뜨거운 물에 5~6분간 데친다.** 물로 헹구면 표면의 농약 성분이 제거되고, 표피 밑에 남아 있는 것도 소금으로 문질러 뜨거운 물에 데치면 제거된다. 농약이나 다이옥신은 콩깍지 속의 콩에까지 침투하지는 못하므로 안심하고 먹을 수 있다.

(2) 꼬투리 완두

먼저 흐르는 물에 헹궈 표피의 농약 등을 제거한다. 힘줄을 제거하고 충분히 끓인 물에 **약 1분 정도 데치고, 재빨리 체에 건져** 물기를 뺀 후 식힌 다음 줄기를 따낸다. 줄기를 따버리면 농약이나 다이옥신 성분이 남기 쉬운 표피 밑을 노출시키기 때문에 데칠 때 안심 효과가 높아진다. 선명하게 데치기 위해서는 소금을 넣는 것이 좋다고 하지만, 넣지 않아도 색은 그다지 차이가 없다.

힘줄을 제거한다

1분 정도 데친다

체에 건지고 냉수에
씻어 밭친다

(3) 꼬투리 완두콩

체에 넣고 **흐르는 물에 1분 정도 헹궈서** 표피의 농약이나 다이옥신 성분을 제거한다. 포인트는 손으로 적당한 길이로 자른 후 **끓는 물에 1분 정도 넣고 데치는 것**이다. 노출된 표피층에서 유해 물질이 흘러나온다.

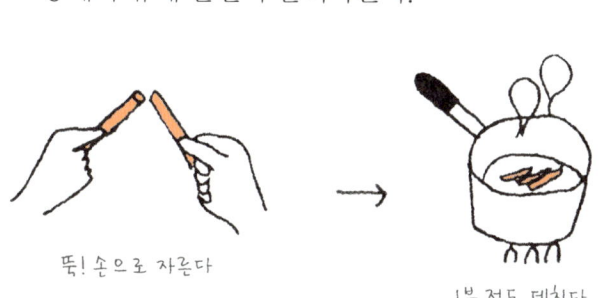

뚝! 손으로 자른다

1분 정도 데친다

(4) 생표고버섯

키친타월로 닦는 것만으로도 충분하기는 하지만 역시 **씻어서 사용하는 방법**이 안전하다. 그러나 생표고버섯은 농약 사용이 적은 온실이나 삼림에서 재배되므로, 다이옥신이 들어 있을 걱정은 크지 않다. 따라서 **물에 담가놓는 것으로 충분**하다. 2~3회 물을 갈아가면서 씻으면 충분하다.

냉수에 씻어 체에 건진다

새로운 채소의 안심 사전 처리

- 아티초크 artichoke : 봉오리를 데친다.
- 엔다이브 endive : 바깥 잎은 약간 오래되어 단단하기 때문에 데쳐서 사용한다.
- 주키니 zucchini : 다른 채소나 육류, 어류 등과 같이 조릴 때 위에 뜨는 이물질을 제거하면서 조린다.
- 치커리 chicory : 이물질이 들어 있으므로, 레몬즙을 넣고 데쳐서 조리한다.
- 비트 beet : 데친 후 조리한다.
- 플로렌스 페널 florence fennel : 데친 후 마리네 소스를 얹은 생선, 고기, 식초, 기름, 향미료 등을 섞어서 요리를 만들 때 쓴다.
- 리크(서양파) : 껍질을 한 번 벗긴다.
- 캑터스리크 cactus leek : 충분히 끓인 물에 3분 정도 데쳐 식힌 후, 표면의 껍질을 얇게 긁어 벗긴다.
- 콜라비 kohlrabi : 껍질이 단단하므로 껍질을 벗긴 후 불에 그을린다.
- 샐시피 salsify : 데치거나 조리더라도 육질이 단단하므로 씹히는 질감이 있다. 샐러드, 조림, 볶음, 수프를 만들 때 사용한다.
- 셀러리액 celeriac : 껍질을 벗기고 얇게 썰어 물에 헹군 다음 물기를 제거하고 *포타주 potage에 사용한다.
- 파스닙 parsnip : 데쳐서 감초액에 담가 사용한다.
- *킨사이 : 데쳐서 샐러드나 무침에 쓴다. 기름에 살짝 볶기도 한다.
- *쿠신사이 : 숭덩숭덩 썰어서 소금과 샐러드유를 넣고 뜨거운 물에 데친 뒤 물기를 제거한다.
- 사이신 : 데쳐서 숙채나 무침, 국의 건더기로 쓰며 기름에 볶기도 한다.
- *타사이 : 기름에 볶거나 데쳐서 숙채, 무침을 한다.
- *토묘 : 이물질이 없으므로 살짝 데쳐서 수프의 건더기 등으로 이용한다.
- 수세미 : 세로로 반을 갈라 씨를 제거하고 얇게 채를 썰어 물에 헹군다.

포타주
체에 거른 채소, 생선, 고기, 곡식 따위의 여러 가지 재료로 만드는 수프.

킨사이
생육이 빠르고, 더위에 강하여 재배하기 쉬운 채소. 향이 강하고 볶음이나 수프 등에 적합하다.

쿠신사이
공심채空心菜라고도 한다. 아시아 각국에서 다양한 요리에 이용된다. 비타민, 미네랄이 풍부하며, 볶음에 이용하면 아삭아삭 씹히는 느낌이 좋다.

타사이
흑연색이며 두꺼운 잎사귀 표면이 쭈글쭈글하고 광택이 있다. 추위와 더위에 강해 연중 재배할 수 있다.

토묘
녹색의 콩나물과 비슷한 모습의 채소. 홍콩이나 말레이시아 등 아시아에서 주로 사용한다.

- *카이란 : 데쳐서 샐러드로 만든다.
- 상추 : 채 썰어서 소금으로 가볍게 버무린다.

카이란
감람甘藍과 브로콜리를 합친 것 같은 채소로, 새로 자라나는 줄기나 어린잎을 이용해 마요네즈 등을 이용한 샐러드로 이용하거나 볶아서 먹으면 좋다. 줄기는 껍질을 벗겨 육류 요리나 중국 요리에 사용하면 제격.

2. 과일

사전 처리로 줄일 수 있는 과일의 주요 유해 물질

과일에서 볼 수 있는 주요 유해 물질의 종류나, 유해 물질이 쌓이기 쉬운 부분은 채소와 같다. 단, 초산염이 들어 있을 걱정은 없다.

1) 과일의 사전 처리 안심 포인트

(1) 딸기

병충해에 약하기 때문에 농약 사용이 빈번하고, 표면이 울퉁불퉁하여 농약 성분이 남기 쉬운 과일이다.

냉수에 담근다

5회 정도 헹구어 씻는다

안심 포인트는 무엇보다도 씻는 것이다. 박박 씻을 수 없기 때문에 다음과 같은 방법을 이용한다. 먼저 흐르는 물에 5분 정도 담가둔다. 그런 뒤, 체에 넣어 그대로 5회 정도 씻는다. 이렇게 하여 표면의 농약이나 다이옥신을 씻어낸다. 그리고 꼭지는 씻은 다음에 딴다. 씻기 전에 꼭지를 따버리면 물에 녹아 나온 농약이나 다이옥신을 다시 빨아들일 수 있기 때문이다.

딸기를 씻을 때에는 소금을 넣지 않는다.

일반적으로 딸기를 씻을 때 소금을 약간 넣으면 좋다는 이야기가 예로부터 전해 내려오고 있으나, 최근에 그런 방법이 별로 효과가 없다고 판명되었다. 오히려 표면에 부착된 농약이나 다이옥신이 소금 때문에 과육에까지 침투할 염려가 있다. 물론 세제로 씻어도 안 된다. 세제가 과육에 침투할 위험이 있기 때문에 그냥 깨끗한 물에 씻는 것이 가장 좋은 방법이다.

(2) 사과

먼저 **확실하게 씻는다.** 스펀지를 이용하여 흐르는 물에 30초 정도 씻으면 표피에 남아 있는 농약이나 다이옥신 성분이 제거된다.

껍질을 벗기면 표피 하층을 제거할 수 있으므로, 이 속에 농약이나 다이옥신 성분이 남아 있을 걱정은 없어진다. 먹기 좋게 자른 사과를 **소금물에 담가두는 것도** 좋은 방법이다. 갈변을 방지할 뿐만 아니라 과육에 스며든 농약이나 다이옥신이 있다 해도 소금물로써 용출할 수 있으므로 안심하고 먹기 위해서도 추천한다.

 사과 표면이 미끌미끌한 것은 먹기에 적합한 시기라는 신호

표면이 반짝거리면서 미끌미끌한 사과가 있다. 이것은 농약 때문이 아니라, '지금이 먹기에 가장 좋은 시기'라는 신호이다. 과육의 전분 등이 당으로 변할 때, 유막이 표면에 나와서 광택이 생기는 것이다. 꿀사과의 꿀은 화학 물질을 주사하는 등 인공적으로 넣은 것이 아니며, 잘 익었다는 증거인 것이다.

(3) 레몬

수입 레몬이 시중에 많이 유통되고 있다. 수입 레몬에는 포스트하비스트 농약의 '방부제(DP, TBZ, OPP, IMZ)'를 사용하거나 '꼭지 떨어짐 방지제(2·4-D)' 가 사용되는 것이 많다.

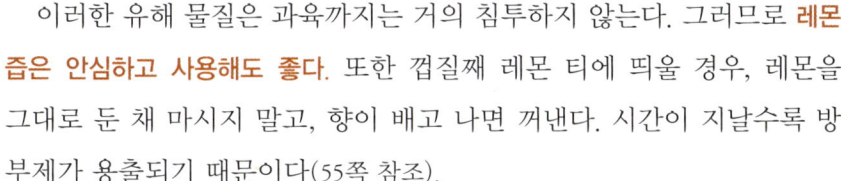
스푼으로 떠서 먹는다

　이러한 유해 요소를 제거하기 위해서는 **물에 씻은 후 껍질을 벗기는 것이 좋다. 먼저 흐르는 물에 스펀지를 이용하여 5회 정도 문질러 씻는다.** 이렇게 하면 표피의 농약이나 다이옥신 성분을 제거할 수 있다. 그런 다음 껍질을 벗긴다. 이때 물만으로는 씻기지 않는 방부제도 제거된다.

　이러한 유해 물질은 과육까지는 거의 침투하지 않는다. 그러므로 **레몬즙은 안심하고 사용해도 좋다.** 또한 껍질째 레몬 티에 띄울 경우, 레몬을 그대로 둔 채 마시지 말고, 향이 배고 나면 꺼낸다. 시간이 지날수록 방부제가 용출되기 때문이다(55쪽 참조).

(4) 그레이프프루트

물에 씻은 후 스푼으로 떠먹는 것이 가장 좋다. 방부제 등 포스트하비스트 농약이 남아 있을 가능성이 높은 과일이기는 하지만 과육까지는 거의 침투하지 않는다.

　먼저 흐르는 물에 5회 정도 손으로 문질러 씻어 표피의 농약을 제거한다. 그런 다음 반으로 잘라 스푼으로 먹는 것이 가장 현명하다.

(5) 귤

농약을 치는 것이 많으므로 유해 가능성은 중간 정도이다. 첨가물이 들어 있는 왁스로 표면을 깨끗하게 닦아 저장성을 높이는 경우가 많다.

왁스를 제거하기 위해서는 **탈지면이나 키친타월에 소주 등 알코올을 묻혀 표면을 닦는다. 왁스가 알코올에 녹아 제거되며, 다이옥신도 제거할 수 있으므로 안심할 수 있다.** 그런 다음에는 껍질을 벗겨 먹기 때문에 걱정할 필요가 없다.

(6) 멜론

포인트는 **껍질을 두껍게 깎아내고 먹는 것이다.** 욕심을 내서 껍질 부근까지 먹는 것은 조금 위험하다. 온실 또는 하우스 재배가 많아 다이옥신의 오염이 적은 편이고, 제철에는 농약의 사용이 적으므로 안심할 수 있다. 평소 농약을 많이 치지 않으면 안 되는 이유 중 하나는 멜론이 잘 자라지 않기 때문이다.

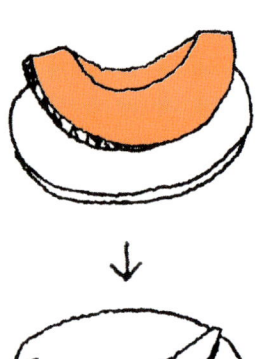

껍질을 남기고 먹는다

(7) 바나나

껍질을 벗긴 다음 **앞부분을 약 1㎝ 정도 잘라내고 먹는 것이 포인트이다.** 일반적으로 끝 부분(꽃이 피는 부분)을 남기는 사람이 많으나 주의해야 할 것은 앞쪽인 머리 부분이다.

바나나는 수확한 후 부패를 방지하기 위해 수확 후에 방부제나 방균제 등을 사용하는 것이 많아, 과육의 앞부분을 1㎝까지 잘라버리는 것이 좋다. 1㎝ 제거로 훨씬 안심도가 높아진다(53쪽 참조).

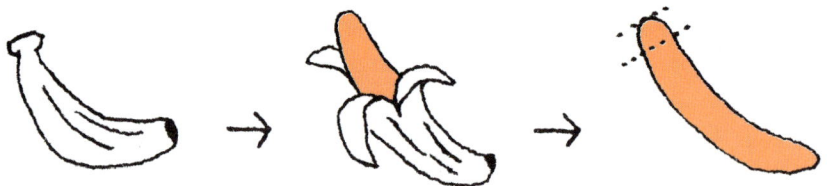

껍질을 벗기고, 농약이 남아 있는 앞부분에서 약 1cm 정도 잘라내고 먹는다

(8) 체리

껍질째 먹는 과일이므로 안심하고 먹기 위해서는 물에 씻는다.

볼에 넣어 흐르는 **물에 10분 정도 담가둔다.** 흐르는 물에 담가두면 남아 있는 농약이나 다이옥신 성분이 다시 들러붙는 것을 막을 수 있다. 그런 다음 **5회 정도 헹군다.** 특히 수입품의 경우 잘 씻는 데 신경 쓴다.

이러한 방법으로 표피에 남아 있는 농약 성분은 제거되나, 표피 밑의 큐티쿨라 층까지 침투하는 것을 막을 수는 없다. 그러므로 **자주 많이 먹는 것을 피하는 편이 좋다.**

아예 먹지 않는 것이 좋으나 계절 과일의 즐거움을 포기하긴 어렵다. 체리는 고가인 데다 농약 성분이나 다이옥신 때문에 건강에도 좋지 않으므로 많이 먹지 않도록 하자.

(9) 포도

농약에 의한 유해성 여부는 중간 정도이다.

포도알이 큰 것과 작은 것이 있으나 공통적인 포인트는 물에 씻는 것이다. **볼에 물을 부어서 포도를 10분 정도 담가둔다. 그런 다음 체에 건져 5회 정도 씻는다.** 이로써 표피에 남은 농약이나 다이옥신 성분이 제거된다.

청포도나 거봉과 같이 알이 큰 포도는 **손으로 껍질을 벗겨 먹는다.** 이러면 표피 밑의 큐티쿨라 층이 제거되고, 잔류 물질도 없어지므로 안전하다. 알이 작은 델라웨어 같은 포도는 알이 큰 포도처럼 먹을 수 없다. 여기서 생각한 대안으로는 껍질째 입에 넣어 씹지 않는 것이다. 입에 넣고 포도알만 빼내서 먹으면 큐티쿨라 층에서

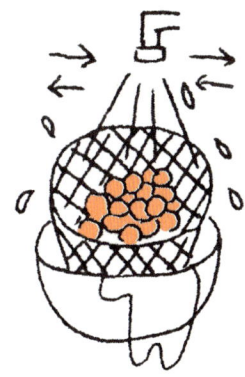

10분 정도 흐르는 물에 담가 5회 정도 씻는다

알이 큰 것은 손으로 벗긴다

유해 물질이 흘러나오는 것을 방지할 수 있다. 특히 아이들에게 주의시키도록 한다.

 포도 표피에 붙어 있는 흰 가루는 맛있다는 증거

포도 표면에 하얗게 묻어 있는 물질을 보고 혹시 농약이나 첨가물이 아닐까 불안해하는 사람이 많다. 그러나 염려할 필요 없다. 흰 가루는 블룸bloom이라는 물질이다. 이것이 많을수록 잘 익어 맛있고 선도도 좋다는 증거이다.

(10) 복숭아

상처 나기 쉬운 과일로, 세게 문질러 씻는 것만으로는 표피에 남아 있는 농약이나 다이옥신 성분에 대한 걱정에서 자유로울 수 없다. 여기서 포인트는 **흐르는 물에 담가 씻는 것**. 다음으로는 껍질을 벗겨 남아 있는 유해 물질이 많은 큐티쿨라 층을 제거해야 안전하다.

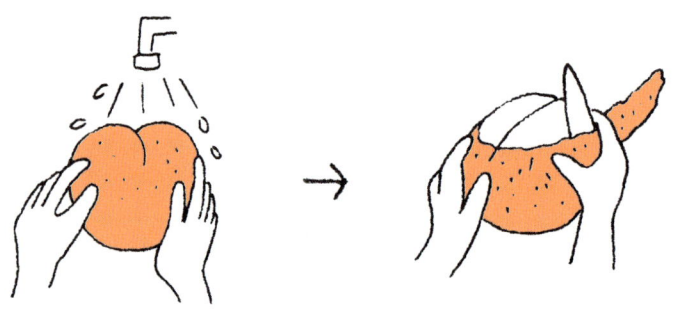

흐르는 물에 박박 씻는다　　　　　　두껍게 껍질을 벗긴다

(11) 배

살충제를 상당히 많이 사용하는 과일이다. 살충제는 지방에 녹기 때문

에 표피 밑의 큐티쿨라 층에 남아 있다. 큐티쿨라 층은 지방층이다. 여기서 안심 포인트는 **껍질을 두껍게 벗겨내는 것이다.**

예로부터 배는 가능한 한 두껍게 깎아야 한다고 했다. 그 이유는 껍질과 과육 사이에 산이 있어 두껍게 벗겨도 단맛이 없어지지 않기 때문이다. 이와 동시에 큐티쿨라 층에 남아 있을 농약에 대한 유해성도 제거할 수 있어 일석이조이다.

물론 껍질을 벗겨내기 전에 물에 잘 씻는다. 흐르는 물에 30초 정도 손으로 문질러 씻어, 표피에 남은 농약 성분을 제거한다.

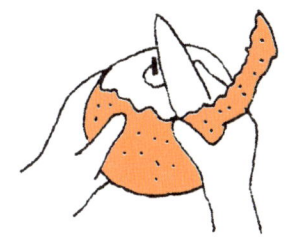
껍질을 벗긴다

3. 육류

사전 처리로 줄일 수 있는 육류의 주요 유해 물질
육류에서 염려되는 유해 물질로는 항균성 물질(합성 항균제, 항생 물질), 여성호르몬, 유기염소계 농약, 다이옥신이 있다. 이러한 유해 물질들이 축적되기 쉬운 부위는 다음과 같다.

항균성 물질·여성호르몬
항균성 물질은 소, 돼지, 닭의 육질이나 간장에, 여성호르몬은 소의 육질과 간장 등에 축적된다.

유기염소계 농약·다이옥신
소, 돼지, 닭의 지방 부위에 축적된다.

1) 육류의 사전 처리 안심 포인트

(1) 쇠고기

지방 제거하기

지방을 말끔하게 제거한다.

이유 염소계 화학 물질이나 다이옥신은 지방
에 쌓이기 때문이다.

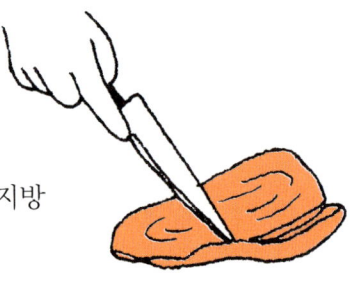

지방을 제거한다

데치기

뜨거운 물에 데치거나, 얇게 썰거나, 가늘게 썰거나, 깍둑 썰기 등으로
썬 뒤 살짝 데친다.

이유 지방분을 제거하여 남아 있는 농약과 항균성 물질 등이 제거된다.

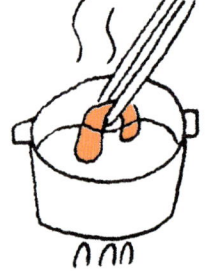

뜨거운 물에 데치기

이물질 제거

스튜 등은 고기를 천천히 뭉근하게 끓여, 위에 뜬
이물질(거품)을 말끔히 제거한다.

이유 농약이나 항균성 물질 등이 거품 형태로 떠
있으므로 거품을 제거하면 유해 물질을 줄일 수
있다.

거품을 제거한다

밑간하기

다레
장어구이·생선구이 등에 쓰는,
조미한 진한 국물.

조미액이나 *다레 등에 고기를 재워 밑간을 한다. 이때 조미액이나 다레,
된장 등에 먼저 10분 정도 담갔다가 꺼내고 그 조미액은 버린다. 고기에 묻
은 조미액을 가볍게 닦아내고 새로운 조미액이나 다레, 된장에 재워둔다.

이유 간장이나 된장 등은 유해 물질이 쉽게 용출되도록 돕는다.

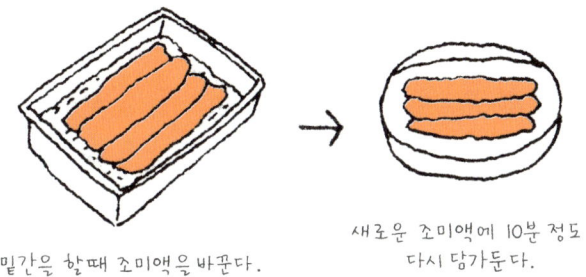

밑간을 할 때 조미액을 바꾼다.

새로운 조미액에 10분 정도
다시 담가둔다.

토렴으로 만들어 먹기

얇게 썬 고기를 재운 액이나 다레는 도중에 바꿔주는 것이 가장 좋다.

이유 토렴만큼 추천할 만한 고기 섭취 방법도
없다. 오염 물질은 뜨거운 물이나 다레에 쉽
게 배출된다. 그런 반면, 뜨거운 물이나 다레
에는 오염 물질이 쌓여 있다. 따라서 주 요
리가 토렴이라면 너무 오랫동안 놔두지 말
고 빨리 먹는 것이 좋다.

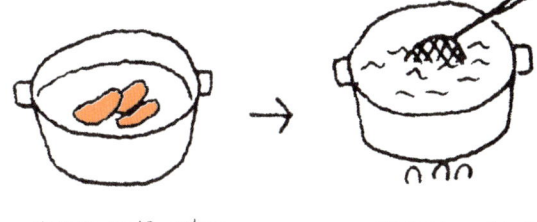

얇게 썬 고기를 데친다

거품을 잘 제거한다

된장에 재우기

된장에 재운 고기를 구울 때에는 된장을 잘 제거하고 굽는다.

이유 된장에 재워두면 고기의 오염 물질이 된장을 통하여 빠져나오기
때문이다. 재워둔 된장에는 오염 물질이 모여 있으므로 이 된장은 사용
하지 않거나 깨끗하게 제거하여 먹는 것이 좋다.

(2) 돼지고기

지방 제거하기

지방은 가능한 한 제거한다.

이유 염소계 화학 물질이나 다이옥신은 지방에 축적되기 때문이다.

물에 데쳐 이물질 제거하기

돼지고기는 가능한 한 얇게 썰어 물에 데쳐 이물질을 제거한다.

이유 돼지고기는 물에 데쳐야 지방이 잘 제거된다. 얇게 썰면 화학 물질의 용출 단면이 증가하여 지방이 제거되며, 지방에 축적되기 쉬운 염소계 화학 물질이나 다이옥신도 줄어들기 때문이다.

조미액에 재우기

조미액의 일부를 2배 정도 엷게 하여, 그 안에 돼지고기를 10분 정도 담갔다가 꺼내고 그 조미액은 버린다. 고기의 물기를 가볍게 빼고 다시 조미액에 담가둔다.

이유 일단 사용한 조미액을 버려야 화학 오염 물질이 줄어든다. 돼지고기는 맛이 담백하므로 밑간으로 재우는 조미액은 2배로 희석하여 사용한다.

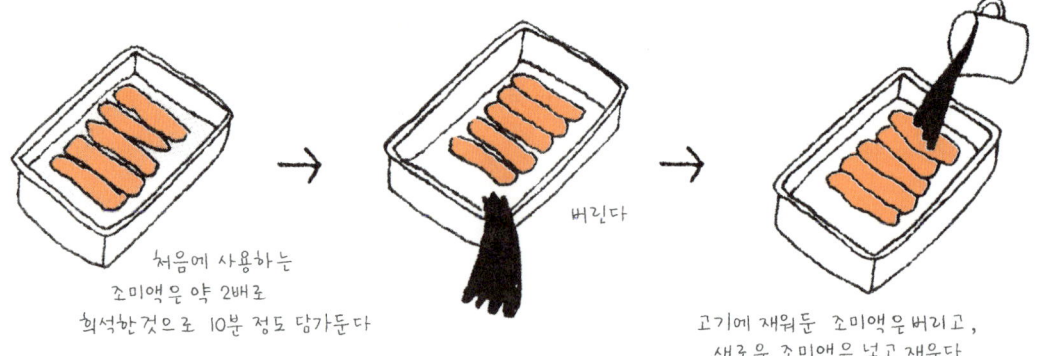

처음에 사용하는 조미액은 약 2배로 희석한 것으로 10분 정도 담가둔다

버린다

고기에 재워둔 조미액을 버리고, 새로운 조미액을 넣고 재운다

된장, 술지게미 재우기

돼지고기를 된장에 재우거나 술지게미에 재운다.

이유 된장이나 술지게미에는 화학 오염 물질을 배출하는 효과가 있어, 축적된 오염 물질을 줄여준다.

(3) 닭고기

지방 제거

지방과 껍질을 제거한다.

이유 지방이나 껍질에는, 염소계 화학 물질이나 다이옥신 등의 유해 물질이 쌓이기 쉽기 때문이다.

어슷 썰기 하여 조미액을 교환

양념구이, 튀김 등의 밑간을 할 때에는 닭고기를 어슷 썰기 하여 밑간의 조미액을 2배로 희석하여 10분 정도 담가둔다. 이 조미액은 버리고 새로운 조미액으로 바꿔 준다.

이유 어슷 썰기는 자른 단면을 넓게 하여 유해 물질을 용출하기 쉽게 하기 위한 방법이다. 일단 담갔던 액을 버려야 화학 물질이 줄어든다. 닭고기는 맛이 담백하므로 밑간용 조미액은 2배 희석한 물을 사용한다.

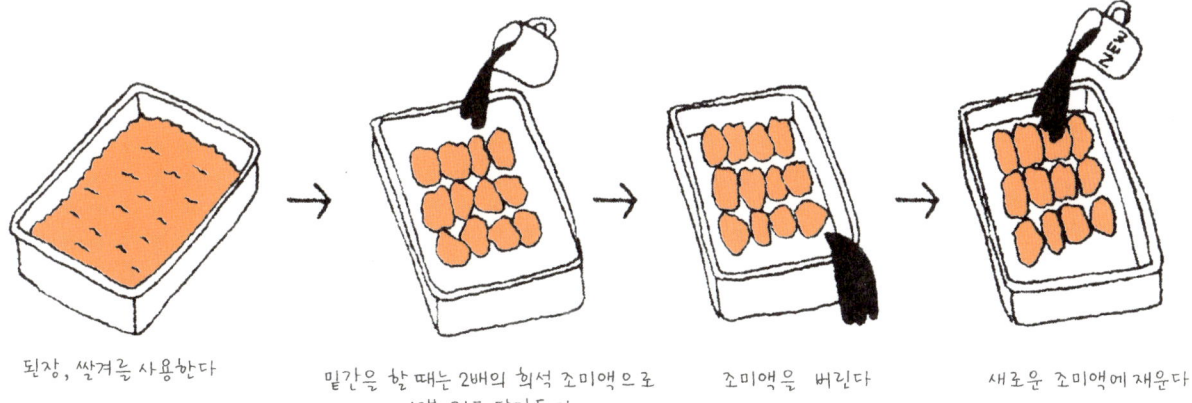

된장, 쌀겨를 사용한다 → 밑간을 할 때는 2배의 희석 조미액으로 10분 정도 담가둔다 → 조미액을 버린다 → 새로운 조미액에 재운다

찌기

조리에서도 적용되는 것으로, 찌기만 해도 화학 오염 물질은 줄어든다. 찜기에 사용한 물은 버리도록 한다.

이유 닭을 찌면 여분의 지방이 제거된다. 찜을 하면 염소계 화학 물질이나 다이옥신 등이 줄어든다.

찜기에 남아 있는
국물은 버린다

(4) 저민 고기

데치기

체에 넣고 살짝 뜨거운 물에 데쳐 요리에 사용한다.

이유 염소계 화학 물질이나 다이옥신을 함유한 지방이 줄어들기 때문이다.

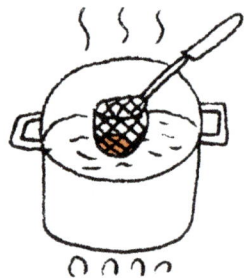

체를 이용하여 살짝 데친다

(5) 간

황색 지방을 제거

황색 지방 부분은 손으로 제거한다.

이유 지방에는 염소계 화학 물질이나 다이옥신이 축적되기 쉽기 때문이다.

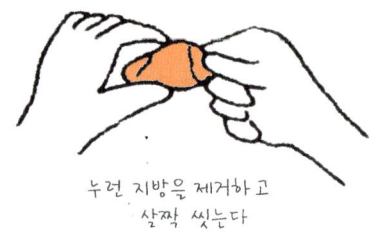

누런 지방을 제거하고
살짝 씻는다

뭉쳐 있는 혈액을 제거

엷은 소금물에 가만히 담가두었다가 손으로 주물러 3회 정도 헹궈준다.

이유 화학 오염 물질이 줄어든다.

생강장 등에 담가 밑간을 한다.

이유 간장은 오염 물질을 제거하는 힘이 강하다. 나쁜 냄새를 제거하고 맛을 좋게 하기 위해서 사용한다. 누린내를 제거하기 위해서 우유에 담가두기도 하는데, 우유는 오염 물질을 제거하는 작용은 하지 않는다. 우유에 재우려면 먼저 간장에 재운 후에 한다(47쪽 참조).

4. 어패류

사전 처리로 줄일 수 있는 어패류의 주요 유해 물질

어패류에는 유기수은, 유기주석 화합물, 항균성 물질, 염소계 화학 물질(농약, PCB 등), 다이옥신이 다음의 부분에 축적되기 쉽다.

유기수은

대가리나 내장에 축적되기 쉽다.

유기주석 화합물·항균성 물질

육질이나 내장에 축적되기 쉽다.

염소계 화학 물질·다이옥신

지방분에 축적된다.

(1) 생선

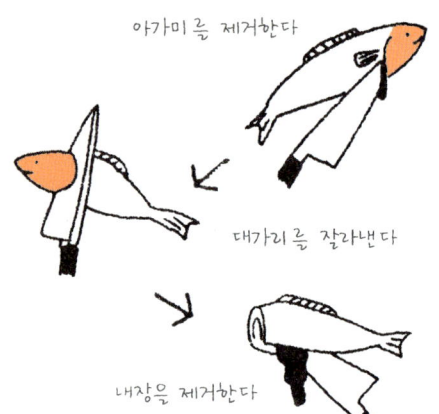

아가미를 제거한다
대가리를 잘라낸다
내장을 제거한다

대가리나 아가미, 내장 제거

이유 유기수은은 뇌의 신경세포에, 농약과 그 밖의 오염 물질은 아가미, 내장에 축적되는 것이 많기 때문이다.

배 속까지 씻는다

생선을 잡은 후에는, 점액이나 고여 있는 피를 제거하고 배 속까지 깨끗하게 씻는다.

이유 화학 오염 물질을 줄이기 위해서이다.

내장을 제거한 안쪽을 깨끗이 씻는다
물에 삶는다
뜨거운 물을 끼얹는다

끓는 물에 튀기거나 끼얹기

일단 끓는 물에 튀기거나 뜨거운 물을 끼얹어서 지방을 제거하여 본격적인 조리에 들어간다. 단, 조리에 따라, 그렇게 하면 안 되는 경우도 있다.

이유 지방에 녹기 쉬운 유기염소계 농약 등의 오염 물질이나 다이옥신을 줄일 수 있다.

조미액이나 된장, 술지게미에 재우기

사전 처리로 일단 조미액에 담가 5분 정도 두었다가 꺼낸 뒤 다시 새로운 조미액에 담가 사용한다. 또한 된장이나 술지게미에 재운 것은 하루 정도 두었다가 털어내고 굽는다.

이유 간장이나 된장, 술지게미는 침투성이 강하며 다양한 화학 오염 물질을 제거하기 때문이다.

간장 된장 간장, 된장에 재운다

식촛물로 헹구기

생선의 사전 처리 단계에서는 약 2배로 희석한 식촛물에 헹군다. 3분 정도 두었다가 사용한다.

이유 식초는 침투성이 강하고, 화학 오염 물질이 식초를 통해 배출되어 나오기 때문이다.

희석초로 씻는다

(2) 조개

해감 빼기

모시조개는 소금물에, 가막조개는 맑은 물에 담가 하루 정도 두어 해감을 뺀다.

이유 소금이나 뻘을 토해낼 뿐만 아니라 화학 오염 물질도 토해내기 때문이다. 모시조개는 해안에서, 가막조개는 하구에서 서식하고 있기 때문에 소금물과 맑은 물로 나누어 처리한다. 소금물의 염분은 3%로 한다.

씻기

조개 껍데기는 깨끗하지 않기 때문에 껍데기가 붙어 있는 경우 흐르는 물에 손으로 문질러서 씻는다. 껍질을 간 조갯살의 경우에는 체에 밭쳐 소금을 약간 뿌린 다음 볼 안에 물을 붓고 씻는다.

이유 조개는 살도 껍데기도 표면이 모두 오염되어 있다. 해감을 뺀 조개라도 한 번 더 씻어 사용한다.

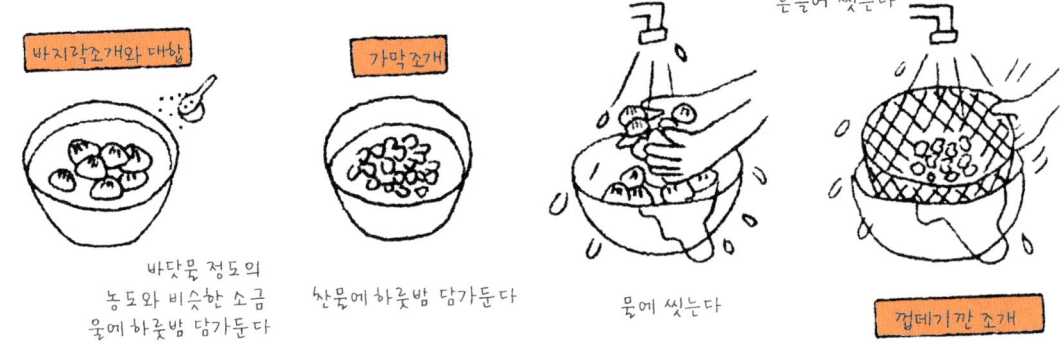

바지락조개와 대합 / 바닷물 정도의 농도와 비슷한 소금물에 하룻밤 담가둔다

가막조개 / 찬물에 하룻밤 담가둔다

흔들어 씻는다 / 물에 씻는다

껍데기깐 조개

데치기

조갯살을 생요리에 사용할 경우, 체에 밭쳐 끓는 물에 살짝 데친 다음 바로 찬물에 담가 식힌 후 물기를 제거한다.

이유 화학 오염이 끓는 물에 용출하여 줄어들기 때문이다.

무즙으로 씻기

굴의 경우 소금물로 씻는 사람이 있으나 전통적인 지혜인 무즙으로 씻기가 더욱 효과적이다. 모시조개, 가막조개에도 응용할 수 있다. 충분한 양의 무즙에 굴을 넣고 섞어준다. 그런 다음 굴을 체에 건져 볼에 넣고 물에 2~3회 정도 헹군 뒤, 사용한 무즙을 버린다.

이유 굴은 양식이므로 환경오염 물질에 오염되어 있다. 그리고 무즙은 화학 오염 물질을 배출하는 힘이 상당히 강하다. 전해 내려오는 지혜는 굴의 거뭇하고 더러운 물질을 제거하는 것이었는데, 현대의 환경오염 물질을 줄이는 지혜와도 관련이 있다.

조개를 사용한 요리 중에서 가장 안심할 수 있는 것은 초무침이다. 전처리 단계로 희석초(2배로 희석한 식촛물)로 씻은 후 본격적으로 초무침을 만든다. 남은 희석초를 마시는 일이 없도록 한다. 식초는 화학 오염 물질을 제거하는 힘이 강하기 때문에 오염 물질을 줄여준다.

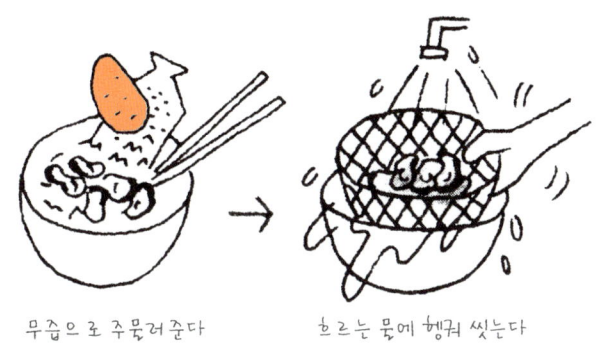

무즙으로 주물러준다   흐르는 물에 헹궈 씻는다

5. 쌀

사전 처리로 줄일 수 있는 쌀의 주요 유해 물질

쌀의 주요 유해 물질은 농약이다. 농약이 쌓이기 쉬운 부분은 쌀겨와 벼 부분이다.

(1) 쌀의 사전 처리 안심 포인트

밥 짓기 전에 물을 바꿔준다

① 쌀을 인 후 한참 동안 물에 담가둔다. 여름에는 30분, 겨울에는 1시간에서 1시간 30분 정도.

② 담가두었던 물은 버리고 쌀과 같은 양의 물을 넣고 밥을 짓는다. 같은 양의 물을 사용하는 이유는 쌀을 물에 담가둘 경우 약 20% 정도 물을 흡수하므로, 밥을 지을 때 물의 양은 20% 증가한 것을 기준으로 짓기 때문이다.

이유 쌀을 도정할 때에는 남아 있는 농약의 많은 부분이 제거된다. 그래도 남아 있는 농약은 쌀을 씻기 전에 물에 담가두어야 더 많이 줄어든다. 2회 씻을 때 남은 농약 성분이 60%까지 제거된다는 테스트 결과도 있다.

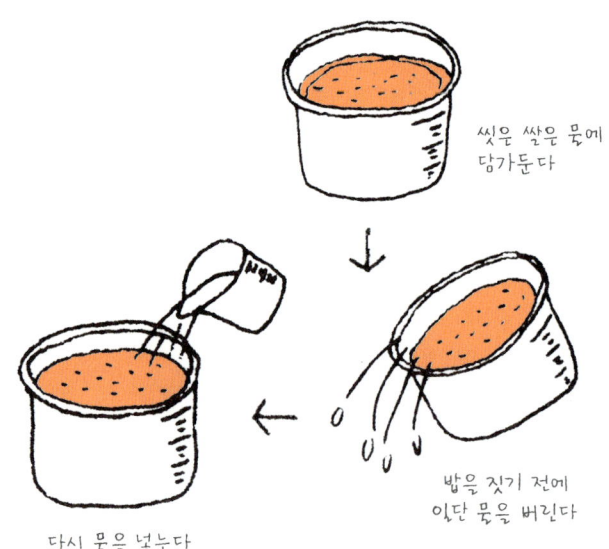

씻은 쌀은 물에 담가둔다

밥을 짓기 전에 일단 물을 버린다

다시 물을 넣는다

6. 가공식품

사전 처리로 줄일 수 있는 가공식품의 주요 유해 물질

식품 전체에 섞여 있는 식품첨가물.

(1) 생라면

데친 물은 반드시 버린다

면을 데친 후 물을 버리고 수프는 별
도로 만들어둔다.

이유 면을 데친 물에는 첨가물인 인산염이나
간수 등이 들어 있기 때문이다.

면과 수프는 별도로 만들어 둔다

라면   수프

삶은 물은 버린다

(2) 컵라면(면과 조미료가 분리되어 있는 경우)

뜨거운 물은 버린다

조미료와 건더기 수프를 빼고 용기 안에 있는 면에 뜨거운 물을
붓는다. 1분 후 일단 뜨거운 물을 버린다. 조미료와 건더기 수프를 넣고

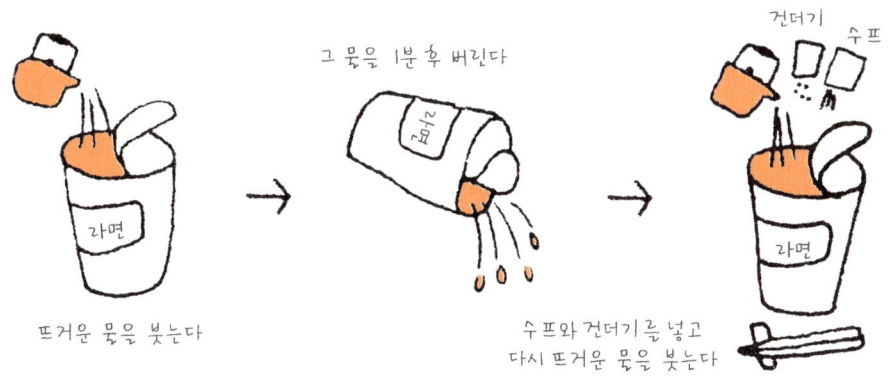

그 물은 1분 후 버린다

건더기   수프

라면

라면

뜨거운 물을 붓는다

수프와 건더기를 넣고
다시 뜨거운 물을 붓는다

다시 뜨거운 물을 넣는다. 조리법에 표시된 시간보다 1분 정도 짧게 놔두면 된다.

이유 이렇게 하여 첨가물인 인산염이나 간수 등을 줄일 수 있다.

(3) 햄, 베이컨

15초 데치기

1장씩 뜨거운 물에 약 15초 정도 데쳐서 사용한다.

이유 얇게 썬 것이므로 끓는 물과 닿는 면적이 많아, 이 과정을 통해 인산염이나 발색제인 아초산염 등의 첨가물이 줄어든다. 그대로 먹지 않을 경우에는 약 1분 정도 데치는 것이 더욱 안전하다.

(4) 위너 소시지

칼집 넣기

칼집을 위아래로 3~4개 정도 넣어 1분 정도 데친다.

이유 칼집을 넣은 부위에서 보존료나 발색제, 인산염 등의 첨가물이 끓인 물에 녹아 빠져나오기 때문이다 (52쪽 참조).

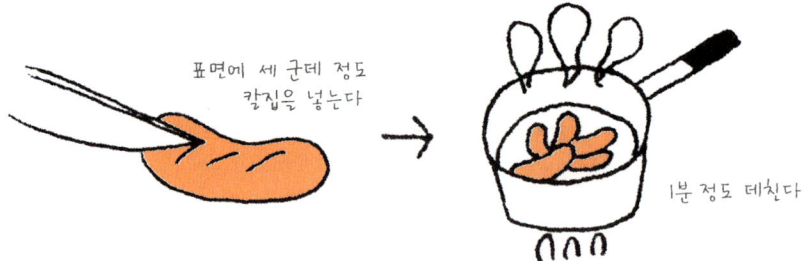

표면에 세 군데 정도 칼집을 넣는다

1분 정도 데친다

(5) 햄버거

먹기 직전에 살짝 데친다

냉동이나 레토르트, 전자레인지용 음식이라도, 또는 프라이팬에 굽기만 하는 것이라도, 각각의 포인트는 모두 끓는 물에 데치는 것이다. 포장지에서 꺼낸 햄버거를 뜨거운 물에 30초 정도 담갔다가 조리한다.

이유 이렇게 하면 저민 고기에 유해 물질이 남아 있더라도, 첨가물과 같이 뜨거운 물에 녹아 나와 줄어든다. 햄버거에 곁들이는 소스에는 유해 물질이 들어 있는 경우가 많으므로 수제 소스를 뿌리도록 한다. 별도의 용기에 들어 있는 소스는 문제없다.

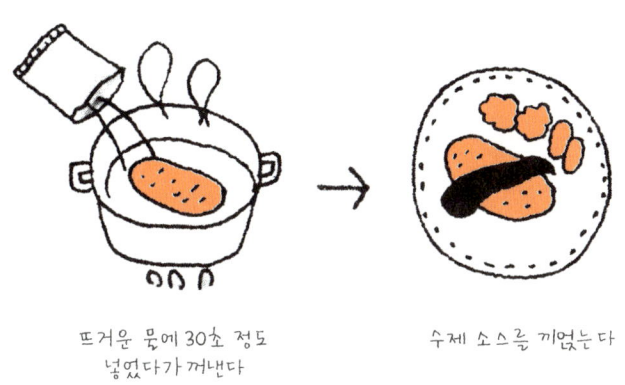

뜨거운 물에 30초 정도
넣었다가 꺼낸다

수제 소스를 끼얹는다

(6) 어묵, 어묵튀김

자른 후 끓는 물에 데친다

가능한 한 얇게 썰어, 토렴처럼 끓는 물에 살짝 데친다.

고구마튀김

판어묵

살짝 데친다

끓는 물에 넣어 유부의 기름기를
제거한 후 건져낸다

이유　용출 면적이 증가하여, 인산염 등의 첨가물이나 염분이 줄어들며 맛도 좋아진다(45쪽 참조).

(7) 튀김

반드시 기름기를 제거한다

뜨거운 물을 끼얹거나 체에 놓고 끓는 물에 튀겨 기름기를 제거힌다.

이유　원재료의 기름에는 유해 물질의 일종인 산화방지제 BHA가 사용되었으며, 이것은 끓는 물로 제거된다.

BHA는 투입 첨가물의 경우 원재료로 표시되어 있지 않기 때문에, 기름기를 제거하는 과정을 생략하지 말아야 한다. 또 기름에 용출되기 쉬운 환경호르몬(31쪽 참조)이 포장지에 들어 있는데, 이것도 이러한 방법을 쓰면 제거된다.

(8) 절임류

절임 용액을 버리고 씻는다

포장지에서 꺼내 먼저 절임 용액을 버린다.

이유 절임 용액 안에는 첨가물이 많이 녹아 있으므로,
일단 물에 씻어 먹으면 첨가물이 줄어들어 안심이다.

절임 용액을 버린다

(9) 녹차

뜨거운 물을 끼얹는다

먼저 찻잎을 씻는 기분으로 처음에 넣었던 물은 버린다.

두 번째 우린 물부터 마신다.

이유 이렇게 하면 남아 있는 농약 성분도 다이옥신도 줄어든다.

맨 처음 우려낸 찻물은 버린다

우리 몸속에서 산화 작용을 일으켜, 현대인의 각종 질병 중 90%와 관련되며 노화의 원인이 되는 활성 산소. 이를 없애려면, 우리 몸을 지켜주는 청소부 역할을 하는 항산화 물질, 즉 스카벤저 요리를 식탁에 올려야 한다. 스카벤저 효소, 스카벤저 비타민이 들어 있는 스카벤저 요리란 어떤 것일까. 이제부터 그러한 요리를 만나보자.

04

활성 산소를
없애는
스카벤저
요리 30가지

몸의 녹을 제거하는 스카벤저 요리란?

체내에서 발생하는 활성 산소는 만병의 원인이 된다. 이를 방지하는 식
사에 대해서는 1장에서 설명했으나, 복습하는 의미로 이 장에서 다시 한
번 언급하기로 하자.

몸에 좋은 식사의 기준은 스카벤저로 활성 산소를 없애는 것이다. **스
카벤저는 활성 산소를 제거하는 항산화 물질을 말한다.**

이것은 크게 ① 체내에서 만드는 것(스카벤저 효소), ② 식품에서 섭취
하는 것(스카벤저 비타민과 스카벤저 성분) 등 두 가지로 나눌 수 있다.

1 스카벤저 효소를 체내에서 만들기

이 효소는 외부에서 섭취할 수 없기 때문에 체내에서 만들어지도록 해야 한다. 체내에서 만들어지게 하려면 효소의 성분인 양질의 단백질과, 보조 효소 성분인 미네랄의 철, 아연, 동, 망간, 셀렌을 많이 함유한 식품으로 만든 요리를 먹어야 한다.

그래도 활성 산소는 완전히 없어지지 않는다. 이런 경우 다음과 같은 방법이 필요하다.

2 스카벤저 비타민과 스카벤저 성분을 체내에 섭취하기

먼저 스카벤저 비타민 $A \cdot B_2 \cdot C \cdot E$를 섭취하는 것이다. 이 비타민의 대부분은 체내에서 만들어지지 않으므로 이것이 많이 들어 있는 요리를 먹는 것이 중요하다. 그래도 활성 산소는 깨끗이 사라지지 않는다. 여기 남아 있는 활성 산소는 스카벤저 성분으로 없어지도록 해야 한다. 카로티노이드의 일종인 아스타킨산, 리코펜 등 각종 폴리페놀의 카테킨, 커세틴과 세서미놀, 글루타민, 글루타티온 등이다. 이들 성분도 체내에서는 거의 만들어지지 않으므로 식품에서 섭취한다.

활성 산소를 없애는 스카벤저 효소를 체내에서 만들어내거나 증가시켜, 스카벤저 비타민이나 스카벤저 성분의 섭취가 가능한 요리가 스카벤저 요리이다. 활성 산소를 방지하기 위해서는 스카벤저 요리를 식탁에 올려야 한다.

그렇다면 스카벤저 요리란 어떤 요리인가. 현재 세계적으로 스카벤저 요리에 대한 연구와 조사가 진행되고 있는데, 결론적으로 전통음식, 즉 우리 어머니와 할머니가 해주시던 요리를 말한다. 따라서 4장에서는 그러한 요리가 실제로 활성 산소를 제거하는 요리인지, 즉 스카벤저 요리인지 아닌지 실증해 보기로 한다.

'스카벤저 요리일까?' 판단하는 법

어떤 식재료든 단백질이나 비타민류, 미네랄 등을 많든 적든 간에 거의 함유하고 있다. 특히 스카벤저 효소, 스카벤저 비타민에 필요한 성분 함유량의 기준치(식재료 100g 중)보다 많이 들어 있는 경우는 '●'로 표시했다. 함유량 기준은 다음의 식재료를 참고했다. 일본 화학기술청의 식품 기준 성분표와 식품의 미량 원소 함유량 표이다.

【기준치를 넘는 경우】 ●
양질의 단백질 – 아미노산 수치가 100인 경우

미네랄

철 – 0.5mg 이상인 경우
아연 – 0.5mg 이상인 경우
동 – 0.05mg 이상인 경우
망간 – 0.1mg 이상인 경우
셀렌 – 1µg 이상인 경우

비타민

A(식물성) – 카로틴 300µg 이상인 경우
A(동물성) – 레티놀 40µg 이상인 경우
B2 – 0.05mg 이상인 경우
C – 20mg 이상인 경우
E – 0.5mg 이상인 경우

다음 스카벤저 요리들과 함께 식재료의 항산화 성분을 분석해보고, 활성산소를 더욱 줄일 수 있는 +1 요리 변신과 식재료 조합의 예를 살펴보자.

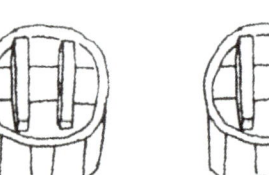

안심하고 먹을 수 있는 옛 맛 요리

MENU 01

고기 감자 조림

가장 대표적인 옛 맛 요리이다.

필요한 재료 쇠고기(얇게 썬 것), 감자, 양파

⊕¹ 요리 변신

식재료에 당근(비타민 A와 E, 망간)을 넣으면, 고기 감자 조림은 스카벤저 효소를 만드는 동시에 스카벤저 비타민을 섭취할 수 있는 완전한 스카벤저 요리로 변신한다.

안심 조리

① 감자는 껍질을 벗겨 먹기 좋은 크기로 자른 후, 물에 씻은 뒤 물기를 제거한다.

② 쇠고기는 3~4cm 폭으로 자른다. **밑간을 하여 살짝 싸두면 더욱 독성 제거 효과가 좋다.**

③ 양파를 빗 모양으로 자른다.

④ 냄비에 식용유를 두르고 감자, 양파를 볶는다.

⑤ 감자, 양파를 다 볶은 후 일단 꺼낸다.

⑥ 다시 냄비에 식용유를 두르고 ② 의 쇠고기를 볶는다.

식재료			쇠고기	감 자	양 파
스카벤저 효소	아포효소 성분	양질의 단백질	●	–	–
	조효소 성분	철	●	●	–
		아연	●	–	–
		동	●	–	●
		망간	–	●	●
		셀렌	●	–	–
스카벤저 비타민		A	–	–	–
		B₂	●	–	–
		C	–	●	–
		E	●	–	–

• 체내에서 스카벤저 효소를 만드는 요리이다.

• 스카벤저 비타민을 섭취하는 데 필요한 비타민 A가 부족한 요리이다.

• 양파와 감자는 폴리페놀의 일종인 커세틴이라고 하는 스카벤저 성분을 함유하고 있다.

⑦ 고기를 볶은 후, 감자, 양파를 넣고 맛국물(흔히 '다시'를 일컫는 다—옮긴이)을 넣는다.

⑧ 한 번 끓으면 **거품을 제거**하고 약한 불에서 조린다.

⑨ 다 익으면 설탕과 맛술을 넣고, 간장을 넣어 다시 조린다.

MENU 02

방어 무조림

방어와 무의 상호보완성을 보여 주는 겨울철 대표 요리

필요한 재료 방어 볼기살, 무, 생강, 유자 껍질

안심 조리

① 방어 볼깃살은 적당한 크기로 썰어 **끓인 물을 끼얹는다.**

② 무는 **껍질을 벗겨,** 은행잎 썰기한다.

③ 냄비에 조미액을 넣고 끓으면 방어, 무, 채썬 생강을 넣는다. 끓으면 표면에 뜨는 **거품을 제거**하고 중불에서 조린다.

④ 적당량의 간장을 넣고 맛을 가감하여 조린다. 그릇에 담아 유자 껍질을 채 썰어 올린다.

식재료			방어	무	생강	유자 껍질
스카벤저 효소	아포효소 성분	양질의 단백질	●	–	–	–
	조효소 성분	철	●	–	●	–
		아연	●	–	–	–
		동	●	–	●	–
		망간	–	–	●	–
		셀렌	–	●	–	–
스카벤저 비타민		A	●	–	–	–
		B$_2$	●	–	–	●
		C	–	–	–	●
		E	●	–	–	●

- 체내에서 스카벤저 효소를 만들어, 스카벤저 비타민을 동시에 섭취한다.
- 완전한 스카벤저 요리이다.
- 생강은 활성 산소의 독을 제거하는 진저롤gingerol이라는 성분을 함유하고 있다.

방어 양념구이
방어의 감칠맛을 높이는 겨울철 일품요리

필요한 재료 방어(토막 낸 것), 생강, 대파

안심 조리
① 생강은 가늘게 채를 썰고, 대파는 송송 썬다. 여기에 간장, 정종을 넣고 조미액을 만들어, 조미액에 방어를 넣고 15분 정도 담

+1 요리 변신
비타민 C를 많이 함유한 방어 양념구이는 스카벤저 효소를 만들며, 동시에 스카벤저 비타민을 섭취할 수 있는 완전한 스카벤저 요리가 된다.

가서 **밑간을** 한다.

② ①의 방어의 **물기를 제거**하고, 달군 프라이팬에 기름을 두르고 중불에서 양면으로 굽고 남은 **기름을 제거**한다.

③ 프라이팬에 조미액(간장, 정종, 맛술)을 넣고 약간 조리다가 ②의 방어를 넣는다. 조미액을 붓으로 바르면서 구워준다.

식재료			방어	생강	대파
스카벤저 효소	아포효소 성분	양질의 단백질	●	--	--
	조효소 성분	철	●	●	--
		아연	●	--	--
		동	●	●	--
		망간	--	●	●
		셀렌	--	--	●
스카벤저 비타민		A	●	--	--
		B2	●	--	--
		C	--	--	--
		E	●	--	●

- 체내에서 스카벤저 효소를 만드는 요리이다.
- 스카벤저 비타민을 섭취하는 것에 필요한 비타민 C가 부족하다.
- 생강은 진저롤이라는 스카벤저 성분을 함유하고 있다.

🍲 신선초 숙채

신선초(철, 아연, 동, 망간, 비타민 A·B2·C·E를 함유)는 살짝 데쳐 식힌 뒤 먹기 좋은 크기로 썰어 물기를 제거한다. 여기에 조미액(맛국물, 간장)을 끼얹어 가볍게 데친다. 레몬즙을 끼얹으면 비타민 C가 더욱 증가한다.

고등어 된장 조림

반찬으로 적극 추천할 수 있는 대표적인 요리

필요한 재료 고등어(토막 낸 것), 된장, 생강

안심 조리

① 고등어는 표면에 **칼집을 넣어서** 체에 받치고 **끓인 물을 끼얹어 기름기를 제거**한다.

② 생강은 채 썰고 **물에 헹군다.**

③ 냄비에 정종, 간장, 설탕, 물, 된장을 넣고 조린다. 고등어를 넣고 위에 뜨는 **거품을 제거**하면 독성 제거가 더 잘된다.

④ 그릇에 담은 뒤 남은 조림액을 끼얹고 그 위에 생강을 올린다.

+1 요리 변신

비타민 A와 C를 많이 함유한 일품요리를 조합하면, 고등어 된장 조림은 스카벤저 효소를 만들거나 스카벤저 비타민을 동시에 취하여, 완전한 스카벤저 요리가 된다.

식재료			고등어	된 장	생 강
스카벤저 효소	아포효소 성분	양질의 단백질	●	–	–
	조효소 성분	철	●	●	●
		아연	●	●	–
		동	●	●	●
		망간	–	–	●
		셀렌	●	●	●
스카벤저 비타민		A	–	–	–
		B₂	●	●	–
		C	–	–	–
		E	●	●	–

- 체내에서 스카벤저 효소를 만드는 요리이다.
- 스카벤저 비타민을 섭취하는 데에는 비타민 A·C가 부족하다.
- 생강은 진저롤이라는 스카벤저 성분을 함유하고 있다.

단호박의 오로라 소스 무침

단호박에는 철, 동, 망간, 셀렌, 비타민 A·B₂·C·E가 들어 있다. 잘 씻은 후 군데군데 깎아내고 3㎝ 폭의 빗 모양으로 썰어, 이것을 다시 5㎜ 두께로 썬다. 끓는 물에 3~4분 데쳐서 체에 밭치고 물기를 제거한 뒤, 오로라 소스(마요네즈, 토마토케첩, 플레인 요구르트, 연겨자, 파프리카)로 무친다.

MENU 05

야채튀김

채소를 이용한 소박한 요리

필요한 재료 목이버섯, 연근, 당근, 꼬투리 완두콩, 가지, 달걀

➕1 요리 변신
달걀은 양질의 단백질이지만 양이 적으므로, 주가 되는 양질의 단백질을 함유하는 육류나 어류를 선택하면 훌륭한 스카벤저 요리가 된다.

안심 조리

① 목이버섯은 표면에 묻은 잡티를 제거하고 작게 잘라둔다. 연근은 1㎝ 폭으로 썰어 **물에 헹군다.** 당근은 **껍질을 얇게 벗겨 채를 썬다.** 꼬투리 완두콩은 5㎝ 길이로 자른다. 가지는 튀기기 직전에 자른다.

② 조미액(맛술, 맛국물, 간장)을 만든다.

③ 튀김옷(튀김가루, 달걀, 냉수)을 만든다.

④ 튀김기름의 온도가 170~180℃가 되면 목이버섯, 연근 등에 튀김옷을 입혀 튀긴다. 마지막에 당근을 튀긴다.

식재료			목이 버섯	연근	당근	꼬투리 완두콩	가지	달걀
스카벤저 효소	아포효소 성분	양질의 단백질	–	–	–	–		●
	조효소 성분	철	●	●	–	●		●
		아연	●	–	–	–		●
		동	●	●		●	●	●
		망간	–	●	●	●	●	–
		셀렌	–	●	–	–	–	–
스카벤저 비타민		A	–	–	●	●	–	●
		B₂	●	–	–	●	●	●
		C	–	●	–	–	–	–
		E	–	●	●	–	–	●

- 체내에 스카벤저 효소를 만드는 조효소 미네랄이 완전하게 갖춰져 있으나 달걀의 양이 적어 양질의 단백질은 약간 부족하다.
- 스카벤저 비타민을 섭취할 수 있는 요리이다.

달걀찜

부드러운 촉감으로 누구나 좋아하는 요리

필요한 재료 달걀, 닭고기(가슴살), 표고버섯, 미나리, 은행, 찐 어묵

MENU
06

안심 조리

① 맛국물에 소금, 간장을 넣고 섞은 후, 풀어둔 달걀에 혼합하여 찜기에 넣어 찐다.

② 닭고기는 **한입 크기로 썰어, 조미액(간장, 정종)에 재워 밑간을 한다.** 표고버섯은 밑동을 떼고, 크기가 너무 크면 2등분한다.

찐 어묵은 얇게 썰고 미나리는 3㎝ 길이로 자른다. 은행은 소금에 데쳐 껍질을 벗기고 물기를 제거한다.

③ 용기에 미나리 이외의 모든 재료를 넣고 ①을 넣는다.

찜기에 넣어 센불에서 약 2분, 중불보다 약간 약한 불에서 10분 정도 찐 후 불을 끄기 직전에 미나리를 넣는다.

식재료			달 걀	닭고기	표고 버섯	미나리	은 행
스카벤저 효소	아포효소 성분	양질의 단백질	●	–	–	–	–
	조효소 성분	철	●	●	–	–	●
		아연	●	●	–	●	●
		동	●	●	●	–	–
		망간	–	–	●	●	●
		셀렌	●	●	–	●	●
스카벤저 비타민		A	●	–	–	●	●
		B_2	●	●	●	●	●
		C	–	–	–	●	●
		E	●	●	–	●	●

• 체내에 스카벤저 효소를 만들기 때문에, 스카벤저 비타민도 동시에 섭취할 수 있다.

• 완전한 스카벤저 요리가 된다.

두부전골

고향의 맛이 느껴지는 푸근한 음식

필요한 재료 쇠고기(스키야키용), 구운 두부, 양파, 실곤약

MENU
07

안심 조리

① 쇠고기를 5㎝ 길이로 썰어 **살짝 데친다.** 구운 두부는 8등분한다. 실곤약은 **끓는 물에 데쳐 사전 처리**하여, 적당한 길이로 자른다. 양파는 5㎜ 두께로 빗 모양 썰기 한다.

② 냄비에 식용유가 달궈지면, 쇠고기를 볶고 조미액(맛국물, 정종, 설탕, 간장)을 넣어 끓이면서 **거품을 제거**한다.

③ ②에 구운 두부, 실곤약, 양파를 넣고 조린다.

+1 요리 변신

비타민 A와 C를 많이 함유하고 있는 요리 한 가지를 조합하면 스키야키 같은 두부 요리는 스카벤저 효소를 만들며, 동시에 스카벤저 비타민을 섭취할 수 있는 완전한 스카벤저 요리가 된다.

식재료			쇠고기	구운 두부	양 파
스카벤저 효소	아포효소 성분	양질의 단백질	●	–	–
	조효소 성분	철	●	●	–
		아연	●	●	–
		동	●	●	●
		망간	–	●	●
		셀렌	●	●	–
스카벤저 비타민		A	–	–	–
		B$_2$	●	–	–
		C	–	–	–
		E	●	●	–

• 체내에 스카벤저 효소를 만드는 요리이다.

• 스카벤저 비타민을 섭취하기에는 비타민 A·C가 부족하다.

• 양파에는 폴리페놀의 일종인 커세틴이라는 스카벤저 성분이 들어 있다.

 브로콜리 겨자 무침

브로콜리(철, 아연, 동, 망간, 비타민 A·B₂·C·E를 함유)를 작게 나눠 뜨거운 물에 데친 후 체에 건져 물기를 제거하면 색이 선명해진다. 조미액(간장, 맛국물, 연겨자)으로 무친다.

MENU
08

두부 무침

부드러운 맛, 두부와 채소로 만든 가성 요리

필요한 재료 목면 두부, 달걀, 당근, 건표고버섯, 꼬투리 깍지콩

+1 요리 변신

비타민 C를 많이 함유하고 있는 요리를 조합하면 두부 무침은 스카벤저 효소를 만들고, 동시에 스카벤저 비타민이 섭취되는 완전한 스카벤저 요리가 된다.

안심 조리

① 두부를 거칠게 으깬 다음 **뜨거운 물에 넣고 데친 후** 찬물에 담갔다가 물기를 제거한다.

② 건표고버섯은 물에 불린 뒤 밑둥을 제거한 후 채를 썰고, 당근은 **껍질을 벗겨** 채를 썬다. 꼬투리 깍지콩도 **살짝 데쳐 송송 썬다.**

③ 냄비에 식용유가 달궈지면 당근, 표고버섯을 볶고 깍지콩, 두

부를 넣어 볶아준다.

④ ③에 설탕, 소금, 간장을 넣고 물기가 잦아질 때까지 볶는다.

⑤ 달걀을 풀어 ④에 섞고, 재빠르게 볶은 후 불을 끈다.

식재료			목면두부	달걀	당근	건표고버섯	꼬투리깍지콩
스카벤저 효소	아포효소 성분	양질의 단백질	–	●	–	–	–
	조효소 성분	철	●	●	–	–	●
		아연	●	●	–	–	–
		동	●	●	–	●	●
		망간	●	–	●	●	●
		셀렌	●	●	–	–	–
스카벤저 비타민		A	●	●	–	–	●
		B2	●	●	–	●	●
		C	–	–	–	–	–
		E	●	●	●	–	–

• 체내에 스카벤저 효소를 만드는 요리이다.

• 스카벤저 비타민을 섭취하기에는 비타민 C가 부족하다.

데친 양배추 감초 무침

양배추(망간, 셀렌, 비타민 C)를 끓는 물에 약간 단단하게 데쳐 체에
건진다. 먹기 좋은 크기로 숭숭 썰어 가볍게 물기를 제거한다. 양
배추가 식으면 감초(식초, 설탕, 간장, 맛국물)에 넣고
가볍게 섞는다.

닭고기 조림

감칠맛이 듬뿍! 조림 요리

필요한 재료 닭고기(다릿살), 구운 두부, 우엉, 풋콩

안심 조리

① 닭고기는 한입 크기보다 약간 도톰하게 어슷 썬다. **조미액에 한 참을 두었다가 건져내면 독소를 효과적으로 제거할 수 있다.** 그 위에 밀가루를 가볍게 묻힌다.

② 구운 두부는 12등분한다.

③ 우엉은 **수세미로 문질러 껍질을 제거**하고, 5㎝ 길이로 잘라 5분 정도 데친다. 데친 후 다시 도마에 올려 **방망이로 두드린다.**

식재료			닭 살	구운 두부	우 엉	풋 콩
스카벤저 효소	아포효소 성분	양질의 단백질	●	--	--	--
	조효소 성분	철	●	●	●	●
		아연	●	●	●	●
		동	●	●	●	●
		망간	--	●	●	--
		셀렌	●	●	●	--
스카벤저 비타민		A	--	--	--	●
		B_2	●	--	--	●
		C	--	--	--	●
		E	●	●	●	●

• 체내에서 스카벤저 효소를 만들기 때문에, 스카벤저 비타민도 동시에 섭취할 수 있다.

• 완전한 스카벤저 요리가 된다.

④ 풋콩은 힘줄을 제거하고 **데친다.**

⑤ 냄비에 조림액(맛국물, 정종, 맛술, 설탕, 간장)을 넣어, 끓으면 닭고기를 하나씩 넣어 조리면서 **거품을 제거**한다. 우엉과 구운 두부를 넣고, 여기에 다시 풋콩을 넣고 살짝 조린다.

정어리 매실 장아찌 조림
예로부터 전해 내려오는 건강 요리

필요한 재료 정어리, 매실 장아찌

안심 조리

① 정어리의 **대가리와 내장을 제거하고 흐르는 물에 잘 씻는다.** 키친 타월로 정어리에 묻어 있는 **물기를 닦는다.**

② 담을 때 껍질 쪽이 위로 올라가도록 담고 정어리의 대가리와 꼬리를 차례대로 냄비에 넣어 매실 장아찌를 뿌린다. 조림액(간장, 정종, 설탕)와 물을 넣고 끓인다.

③ 끓으면 **거품을 제거**하고, 중불에서 끓인다.

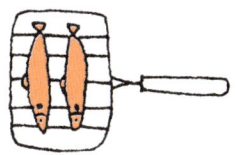 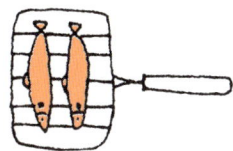 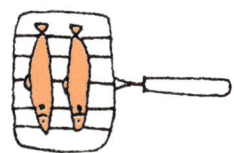

MENU 10

+1 요리 변신
비타민 C를 많이 함유하고 있는 일품요리를 조합하면, 스카벤저 효소를 만드는 동시에 스카벤저 비타민도 섭취할 수 있다. 이렇게 하여 정어리 매실 장아찌 조림은 완전한 스카벤저 요리가 된다.

식재료			정어리	매실 장아찌
스카벤저 효소	아포효소 성분	양질의 단백질	●	−
	조효소 성분	철	●	−
		아연	●	−
		동	●	●
		망간	●	●
		셀렌	●	●
스카벤저 비타민		A	●	−
		B₂	●	−
		C	−	−
		E	●	●

- 체내에서 스카벤저 효소를 만드는 요리이다.
- 스카벤저 비타민을 섭취하기에는 비타민 C가 부족하다.

감자 초무침

감자(철, 망간, 비타민 C)는 껍질을 벗기고 아주 가늘게 채를 썰어, 물에 헹군 뒤 살짝 데친다. 여기에 오이, 당근도 같은 형태로 가늘게 채를 썰어 섞는다. 맛국물과 조미료(식초, 설탕, 소금)를 넣어 감자, 오이, 당근을 섞는다.

참치회 된장 무침

생선회를 이용한 지혜로운 요리

필요한 재료 참치회, 대파, 된장

안심 조리

① 대파는 5㎜ 폭으로 어슷 썰어, **살짝 데쳐** 체에 건진다.

② 참치회는 어슷 썰어 ①의 대파, 간장, 식초로 **밑간을 한다.**

③ ②의 **물기를 제거**한 다음 조미 된장(된장, 겨자, 설탕, 식초)으로 버무린다.

MENU 11

+1 요리 변신

식재료를 대파, 비타민 A와 C를 많이 함유한 아사츠키(철, 아연, 동, 망간, 셀렌, 비타민 A·B₂·C·E)로 바꾸면 참치회 된장 무침은 스카벤저 효소를 만드는 동시에 스카벤저 비타민을 섭취할 수 있는 완전한 스카벤저 요리가 된다.

식재료			참치회	대파	된장
스카벤저 효소	아포효소 성분	양질의 단백질	●	–	–
	조효소 성분	철	●	–	●
		아연	●	–	●
		동	●	–	●
		망간	–	●	●
		셀렌	●	●	●
스카벤저 비타민		A	–	–	–
		B₂	●	–	●
		C	–	–	–
		E	–	●	●

• 체내에서 스카벤저 효소를 만드는 요리이다.

• 스카벤저 비타민을 섭취하기에는 비타민 A·C 가 부족하다.

MENU 12

고등어 튀김

일본 나라 지방 용전천의 단풍잎을 본떠 만든 일식 요리

필요한 재료 고등어, 생강, 레몬

+1 요리 변신

비타민 A와 E를 많이 함유하고 있는 요리를 곁들이면 고등어 튀김은 스카벤저 효소를 만들면서 스카벤저 비타민을 섭취할 수 있는 완전한 스카벤저 요리가 된다.

안심 조리

① 고등어는 3장 뜨기하여 한입 크기로 어슷 썰어, **밑간의 조미액 (정종, 간장, 생강)에 30분 정도 재워둔다.**

② ①의 **물기를 빼고** 녹말 가루를 묻혀 170℃의 튀김 기름에서 바삭하게 튀긴다.

③ 레몬은 반으로 썰어 고등어 튀김에 곁들여 먹기 직전에 뿌려 먹을 수 있도록 한다.

식재료			고등어	생 강	레 몬
스카벤저 효소	아포효소 성분	양질의 단백질	●	–	–
	조효소 성분	철	●	–	–
		아연	●	–	–
		동	●	●	–
		망간	–	●	–
		셀렌	●	–	–
스카벤저 비타민		A	–	–	–
		B₂	●	–	–
		C	–	–	●
		E	–	–	–

- 체내에서 스카벤저 효소를 만드는 요리이다.
- 스카벤저 비타민을 섭취하기에는 비타민 A·E 가 부족하다.

• 생강은 활성 산소의 독을 제거하는 진저롤이라는 성분을 함유하고 있다.

쑥갓 참깨 무침

쑥갓(철, 동, 망간, 셀렌, 비타민 A·B_2·E)은 2㎝ 길이로 썰어 뜨거운 물에 데친 다음, 바로 건져 찬물에 식힌다. 물기를 제거하고 간장과 맛국물을 혼합하여 쑥갓을 넣고 밑간을 한 다음 어느 정도 재워둔다. 이 쑥갓을 물기를 제거한 후, 여기에 참깨 다레(검은깨, 설탕, 간장, 맛국물)로 무쳐 준다. 참깨는 철, 아연, 구리, 망간, 셀렌, 비타민 B_2·E를 함유하고 있다.

닭고기 요리
채소가 듬뿍 들어 있는, 맛깔스러운 요리

필요한 재료 닭고기(닭다리), 무, 당근, 우엉, 연근, 깍지콩, 곤약

MENU 13

안심 조리
① 닭살은 한입 크기로 잘라 **밑간을 한다.**
② 우엉은 칼등으로 **껍질을 긁어내고,** 연근은 껍질을 벗겨내어 우엉과 같이 적당한 크기로 썰어 물에 담가둔다. 곤약은 데쳐서 **한입 크기로 찢는다.** 깍지콩은 **힘줄을 제거하고 데친다.**
③ 냄비에 식용유를 두르고, 뜨거워지면 닭고기를 볶다가 깍지콩 이외의 재료를 넣고 살짝 데친다.

④ ③에 조림액(맛국물, 정종, 맛술, 설탕, 간장)을 넣고 끓이다가 위에 뜨는 **거품을 떠내고,** 약한 불에서 조린다.
전체적으로 조림액이 거의 없어질 때까지 조린다.

식재료			닭고기	연근	당근	우엉	연근	깍지콩
스카벤저 효소	아포효소 성분	양질의 단백질	●	–	–	–	–	–
	조효소 성분	철	●	–	–	●	●	●
		아연	●	–	–	●	–	–
		동	●	–	–	●	●	●
		망간	–	–	●	●	●	●
		셀렌	●	●	–	–	–	●
스카벤저 비타민		A	–	–	●	–	–	●
		B₂	●	–	–	●	–	●
		C	–	–	–	●	●	–
		E	●	●	●	●	●	–

- 체내에 스카벤저 효소를 만드는 동시에 비타민 섭취도 가능하다.
- 완전한 스카벤저 요리이다.

MENU
14

무 된장조림
뜨거운 무조림에 된장 소스를 얹은 그리운 할머니의 손맛 요리

필요한 재료 무, 조미 된장, 다시마, 쌀, 양귀비 씨

안심 조리
① 무는 3~4㎝ 두께로 썰고, **껍질을 두껍게 벗긴다.** 큰 것은 다시

2등분한다. 무의 면은 다듬어서 **칼집을 낸다.**

② 냄비에 무를 넣고, 무가 잠길 정도로 물을 부은 다음 **쌀을 약간 넣어 데친 후** 물기를 제거한다.

③ 다시마는 표면의 먼지를 닦아내고 바닥에 깐다. 물이 잠길 정도까지 넣고 물러질 때까지 끓인다.

④ 조미 된장(적된장, 설탕, 맛술, 맛국물)을 만든다.

⑤ 물기를 제거한 무에 조미 된장을 끼얹고, 양귀비 씨를 뿌린다.

+1 요리 변신
양질의 단백질을 함유하고 있는 육류, 어류, 달걀 등을 주재료로 하면 무 된장조림은 완전한 스카벤저 요리가 된다.

식재료			무	조미 된장	다시마	쌀
스카벤저 효소	아포효소 성분	양질의 단백질	–	–	–	–
	조효소 성분	철	–	●	●	●
		아연	–	●	●	●
		동	–	●	●	●
		망간	–	●	●	●
		셀렌	●	●	●	●
스카벤저 비타민		A	–	–	●	–
		B2	–	●	●	–
		C	–	–	●	–
		E	–	●	●	●

• 스카벤저 효소를 만들기에는 양질의 단백질이 부족한 요리이다.
• 스카벤저 비타민을 섭취할 수 있는 요리이다.

MENU 15

소송채 유부조림

맛있는 식재료, 영양 만점!

필요한 재료 소송채, 유부

+1 요리 변신

양질의 단백질을 함유하고 있는 멸치(철, 아연, 동, 망간, 셀렌, 비타민 A·B₂·E)를 식재료로 넣으면 맛도 좋아지고, 이렇게 하여 소송채 유부조림은 체내에서 스카벤저 효소를 만들며, 동시에 스카벤저 비타민도 섭취할 수 있는 완전한 스카벤저 요리가 된다.

안심 조리

① 소송채를 **끓인 물에 데쳐** 찬물에 식힌 후, 3㎝ 길이로 썰어 물기를 살짝 제거한다. **먼저 3㎝ 길이로 자른 후 데치면 더욱 좋다.**

② 유부는 끓는 물에 넣어 **기름기를 제거**하고 반으로 자른 다음 5㎜ 폭으로 썬다.

③ 냄비에 맛국물, 간장, 맛술, 식초를 넣고 끓인다. 유부를 넣고 3분 정도 조린 후, 소송채를 넣고 살짝 조린다.

식재료			소송채	유부
스카벤저 효소	아포효소 성분	양질의 단백질	–	–
	조효소 성분	철	●	●
		아연	–	●
		동	●	●
		망간	●	●
		셀렌	●	●
스카벤저 비타민		A	●	–
		B₂	●	–
		C	●	–
		E	●	●

- 스카벤저 효소를 만들기에는 양질의 단백질이 부족한 요리이다.
- 스카벤저 비타민을 섭취할 수 있는 요리이다.

부추 달걀찜

누구나 알고 있는 익숙한 요리

필요한 재료 부추, 달걀

+1 요리 변신

비타민 C를 많이 함유하고 있는 요리를 곁들이면, 부추 달걀찜은 스카벤저 효소를 만드는 동시에 스카벤저 비타민을 섭취할 수 있는 완전한 스카벤저 요리가 된다.

안심 조리

① 부추는 씻어서 **끓는 물에 살짝 데쳐,** 가볍게 물기를 뺀 뒤 3cm 폭으로 썬다. **먼저 3cm 길이로 썰어서 데치면 더욱 좋다.**

② 달걀을 푼다.

③ 맛국물, 간장, 정종, 설탕을 넣고 끓으면 여기에 부추를 넣는다. 다시 한 번 끓으면 ②의 달걀을 넣고, 달걀이 반숙되면 불을 끈다.

식재료			부 추	달 걀
스카벤저 효소	아포효소 성분	양질의 단백질	–	●
	조효소 성분	철	●	●
		아연	–	●
		동	●	●
		망간	●	–
		셀렌	–	●
스카벤저 비타민		A	●	●
		B₂	●	●
		C	–	–
		E	●	●

• 체내에서 스카벤저 효소를 만드는 요리이다.

• 스카벤저 비타민을 섭취하기에는 비타민 C가 부족하다.

고구마 레몬 조림

고구마(철, 구리, 망간, 셀렌, 비타민 C·E)는 잘 씻어, 1.5cm 폭으로 둥글게 썰기 하고 어느 정도 물에 담가두어 이물질을 제거한다. 레몬은 껍질을 벗겨 얇게 썬다. 냄비에 고구마, 레몬, 물을 넣고 끓인 후 설탕, 소금을 넣고 뚜껑을 닫은 채로 약한 불에 15분 정도 조린다.

오곡 돌솥밥

한입에 듬뿍, 소담스러운 요리

필요한 재료 쌀, 닭고기, 우엉, 당근, 유부, 녹미채, 꼬투리 깍지콩

+1 요리 변신
비타민 C를 많이 함유하고 있는 요리를 곁들이면, 오곡 돌솥밥은 스카벤저 효소를 만드는 동시에 스카벤저 비타민을 섭취할 수 있는 완전한 스카벤저 요리가 된다.

안심 조리

① 쌀은 밥을 짓기 1시간 전에 **씻어 체에 건져둔다.**

② 당근은 재를 썰고, 우엉은 **연필 깎기 썰기를 한 후 물에 헹군다.**

③ 녹미채는 잘 씻어, 물에 12분 정도 담가 불린 다음 먹기 좋은 크기로 썬다.

④ 끓는 물에 꼬투리 깍지콩을 **데친 뒤** 어슷 썰기 한다.

⑤ 유부는 **데쳐서** 기름기를 제거하고 잘게 썬다.

⑥ 닭고기는 **껍질을 벗기고** 사방 1cm 정도로 썰어서 **끓는 물에 살짝 데친 다음 체에 건져둔다.**

⑦ 간장, 소금, 정종, 맛술에 물을 섞어 돌솥에 넣는다.

⑧ ⑦에 ①의 쌀과 꼬투리 깍지콩 이외의 재료를 넣고, 한 번 섞은 다음 밥을 짓는다. 밥이 다 되면 꼬투리 깍지콩을 넣고 섞는다.

식재료			쌀	닭고기	우엉	당근	유부	녹미채	꼬투리깍지콩
스카벤저 효소	아포효소 성분	양질의 단백질	–	●	–	–	–	–	–
	조효소 성분	철	●	●	●	–	●	●	●
		아연	●	●	●	–	●	●	●
		동	●	●	●	–	●	●	●
		망간	●	–	●	●	●	●	●
		셀렌	●	●	●	–	●	●	●
스카벤저 비타민		A	–	–	–	●	–	●	●
		B$_2$	–	●	–	–	–	●	●
		C	●	●	–	–	–	–	–
		E	●	●	●	●	●	●	–

- 체내에서 스카벤저 효소를 만드는 요리이다.
- 스카벤저 비타민을 섭취하기에는 비타민 C가 부족하다.

🍲 감자 된장국

감자(철, 구리, 비타민 C)는 껍질을 벗겨 얇게 썰어서 물에 헹군다.
생표고버섯은 얇게 썰고, 쑥갓은 거칠게 다진다. 맛국물에 감자를
넣고 끓이다가 한소끔 끓으면 약한 불에서 끓이고, 생표고버섯과
된장을 넣어 다시 한 번 끓인 뒤 표고버섯을 넣는다.

MENU 18

흩뿌림 초밥

축제다! 특별한 초밥 요리

필요한 재료

쌀, 다시마, 건표고버섯, 당근, 연근, 꼬투리 깍지콩, 달걀, 새우

안심 조리

① 쌀을 담가 그 양이 두 배가 되면 물과 맛국물을 넣고 밥을 짓는다. 여기에 약한 불에서 끓인 배합초(식초, 설탕, 소금)를 끼얹고 식혀서 초밥을 만든다.

② 건표고버섯은 물에 담가 불린 뒤 밑동을 제거하고 굵게 채를 썬다. 당근은 2㎝ 길이로 채 썰어, 맛국물과 조미액으로 끓인다.

③ 냄비에 조림액(표고버섯 불린 물, 설탕, 정종, 간장, 소금)을 끓인 다음 ②를 넣어 2분 정도 끓으면 식힌다. **체에 밭쳐 물기를 뺀다.**

④ 연근은 껍질을 벗겨 **얇게 썰어 물에 헹군 후**, 냄비에 김초(식초, 물, 설탕, 소금)를 넣고 끓으면 연근을 넣고 살짝 데친다.

⑤ 꼬투리 깍지콩은 **데쳐서** 어슷 썰기 한다.

⑥ 달걀은 소금을 약간 넣고 지단을 부친 후 얇게 채를 썬다.

⑦ 새우는 **등 쪽의 내장을 빼내고 데친 후**, 껍질을 깐 다음 식초, 설탕, 소금을 넣고 식힌다.

⑧ 초밥에 ③을 넣고 섞은 후 그릇에 담고 다른 재료(④, ⑤, ⑥, ⑦)를 곁들인다.

식재료			쌀	다시마	건표고버섯	당근	연근	꼬투리깍지콩	달걀	새우
스카벤저 효소	아포효소 성분	양질의 단백질	–	–	–	–	–	–	●	–
	조효소 성분	철	●	●	–	–	●	●	●	●
		아연	●	●	–	–	–	–	●	●
		동	●	●	●	●	●	●	●	●
		망간	●	●	●	●	●	●	–	–
		셀렌	●	●	–	–	–	●	●	●
스카벤저 비타민		A	–	●	–	●	●	–	●	●
		B₂	–	●	●	–	–	●	●	●
		C	–	●	–	–	●	–	–	–
		E	●	●	–	●	●	–	●	●

- 체내에서 스카벤저 효소를 만들며, 동시에 스카벤저 비타민도 섭취할 수 있다.
- 완전한 스카벤저 요리이다.

지리 냄비
식구들을 한자리에 모이게 하는 냄비 요리

MENU
19

필요한 재료
삼치, 대합, 배추, 쑥갓, 당근, 실곤약, 표고버섯, 다시마, 레몬

안심 조리
① 삼치(토막 낸 것)는 한입 크기로 썰고, 대합은 소금물에 넣어 **해 감을 뺀다.**

② 배추는 **데쳐** 먹기 좋은 크기로 썰고, 표고버섯은 밑동을 제거한다. 쑥갓은 질긴 부위를 제거하여 살짝 데쳐둔다. 당근은 5㎝ 폭으로 썰어, **꽃 모양 틀로 찍은 다음 데친다.** 실곤약은 데쳐서 5㎝ 길이로 자른 후, 모든 재료를 냄비에 담는다.

③ 붉은 무즙을 만든다.

④ 냄비에 다시마와 물을 넣고, 끓으면 다시마를 건져내고 소금, 간장으로 맛을 조절한다.

⑤ ④의 냄비에 단단한 재료부터 넣어, 익으면 폰즈(레몬즙), 간장, 무즙을 찍어서 먹는다.

식재료			삼치	대합	배추	쑥갓	당근	표고버섯	다시마	레몬
스카벤저 효소	아포효소 성분	양질의 단백질	●	–	–	–	–	–	–	–
	조효소 성분	철	●	●	–	●	–	–	●	●
		아연	●	●	–	–	–	–	●	–
		동	–	●	–	●	●	–	●	–
		망간	–	●	●	●	●	●	●	–
		셀렌	●	–	–	–	–	–	–	–
스카벤저 비타민		A	–	–	●	●	●	–	–	–
		B$_2$	●	●	–	●	–	●	–	–
		C	–	–	–	–	–	–	●	●
		E	–	●	–	●	●	–	●	–

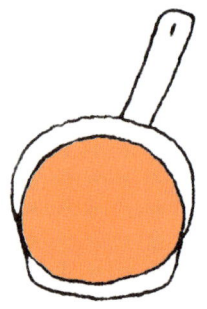

• 체내에서 스카벤저 효소를 만들며, 동시에 스카벤저 비타민도 섭취할 수 있다.
• 완전한 스카벤저 요리이다.

굴 진미 된장 전골

전골냄비에 된장을 넣은 냄비 요리

필요한 재료 굴, 된장, 구운 두부, 대파, 쑥갓, 당근

안심 조리

① 굴은 **무즙을 이용하여 깨끗이 씻고** 굵은 체로 **소금물 안에서 흔들면서 씻어** 물기를 뺀다.

② 구운 두부는 먹기 좋은 크기로 자른다.

③ 대파는 어슷 썰고, 당근은 5㎜ 폭으로 동글게 썰기 한 후 **은행잎 모양으로 찍어내거나 모양 썰기를 한 후 살짝 데친다.** 쑥갓은 숭덩숭덩 썰어 데친다.

④ 된장, 맛술, 정종을 섞어 된장을 만든 다음 냄비 안쪽에 바른다.

⑤ 된장에 맛국물을 넣고 한 번 끓으면 굴, 대파, 구운 두부, 당근, 쑥갓 순으로 넣고 익은 것부터 먹는다.

+1 요리 변신

식재료에 쑥갓과 미나리(철, 동, 망간, 셀렌, 비타민 A·B₂·C·E)를 넣으면 굴 진미 된장 전골은 완전한 스카벤저 요리가 된다.

식재료			굴	된장	구운 두부	대파	쑥갓	당근
스카벤저 효소	아포효소 성분	양질의 단백질	●	–	–	–	–	–
	조효소 성분	철	●	●	●	–	●	–
		아연	●	●	●	–	–	–
		동	●	●	●	–	–	–
		망간	●	●	●	●	–	●
		셀렌	●	●	●	●	–	–
스카벤저 비타민		A	–	–	–	–	●	●
		B₂	●	●	–	–	●	–
		C	–	–	–	–	–	–
		E	●	●	●	●	–	●

- 체내에서 스카벤저 효소를 만드는 요리이다.
- 스카벤저 비타민을 섭취하기에는 비타민 C가 부족하다.

MENU 21

대구 전골

몸도 마음도 후끈후끈! 대표적인 전골냄비 요리

필요한 재료 대구, 다시마, 비단 두부, 무, 쑥갓, 표고버섯, 실파, 레몬

안심 조리

① 다시마는 **꼭 짠 행주로 닦아** 전골냄비에 넣고, 물을 약 7부 정도 부어 1시간 정도 담가둔다.

② 대구는 큼직하게 썰어 **끓는 물을 끼얹는다.**

③ 두부는 적당히 썰고, 무는 껍질을 벗겨 채를 썬다. 쑥갓은 숭덩숭덩 썰어 **살짝 데친다.** 표고버섯은 밑동을 제거하고 갓에 십자로 모양을 내어 썬다.

④ ①을 불에 올려놓고 끓이다가 한 번 끓기 시작하면 다시마를 건져내고, 채 썬 무를 먹을 만큼 넣는다.

⑤ 대구는 먹기 직전에, 위에 뜨는 이물질 때문에 생기는 **거품을 걷어내고,** 두부, 쑥갓, 표고버섯을 적당히 넣는다.

⑥ 익은 것부터 레몬즙에 실파를 첨가하여 먹는다.

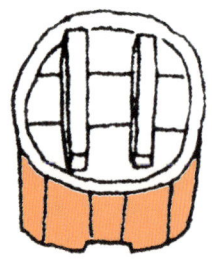

식재료			대구	다시마	비단두부	무	쑥갓	표고버섯	실파	레몬
스카벤저 효소	아포효소 성분	양질의 단백질	●	–	–	–	–	–	–	–
	조효소 성분	철	–	●	●	–	●	–	●	–
		아연	●	●	●	–	–	–	●	–
		동	●	●	●	–	●	●	●	–
		망간	–	●	●	–	●	●	●	–
		셀렌	●	●	–	●	–	–	●	–
스카벤저 비타민		A	●	●	–	–	●	–	●	–
		B₂	●	●	–	–	●	●	●	–
		C	–	●	–	–	–	–	●	●
		E	●	●	●	–	●	–	●	–

- 체내에서 스카벤저 효소를 만들며, 동시에 스카벤저 비타민도 섭취할 수 있다.
- 완전한 스카벤저 요리이다.

조갯살과 쪽파를 넣은 된장 무침
술안주로 쓰이는 일품요리

MENU 22

필요한 재료 조갯살, 쪽파, 된장

안심 조리

① 쪽파는 **뜨거운 물에 살짝 데쳐** 물기를 제거하고 식힌 다음 3㎝ 길이로 썬다. **먼저 3㎝ 길이로 썬 후 데치면 독성을 제거하는 데 더욱 효과적이다.**

② 조갯살을 체에 담아 **소금물에 씻는다. 무즙으로 문질러 씻으면 더**

욱 안심할 수 있다.

③ 조미 된장(된장, 설탕, 연겨자, 레몬즙, 맛국물)을 만들어, ①과 ②
를 넣고 잘 버무린다.

식재료			조갯살	쪽파	된장
스카벤저 효소	아포효소 성분	양질의 단백질	–	–	●
	조효소 성분	철	●	–	●
		아연	●	–	●
		동	●	–	●
		망간	–	●	●
		셀렌	–	●	●
스카벤저 비타민		A	–	●	–
		B₂	●	●	●
		C	–	●	–
		E	●	●	●

• 체내에서 스카벤저 효소를 만들며, 동시에 스카벤저 비타민도
섭취할 수 있다.

• 완전한 스카벤저 요리이다.

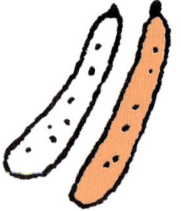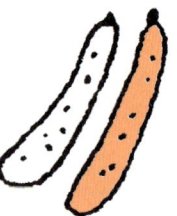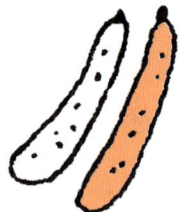

오이와 미역 초무침

배합초, 할머니가 만들어주는 기본 요리

MENU 23

필요한 재료 오이, 미역, 잔멸치, 생강

안심 조리

① 미역은 물에 담가 불리고, **살짝 뜨거운 물을 끼얹은 후 헹궈서** 3 cm 길이로 썬다.

② 오이는 얇게 썰어, **소금물에 5분 정도 담가두었다가** 물기를 뺀다.

③ 잔멸치는 **살짝 뜨거운 물을 끼얹어서** 물기를 뺀다.

④ 생강은 가늘게 **채 썰어 물에 헹군 다음** 물기를 뺀다.

⑤ 오이, 미역, 잔멸치를 섞어 삼배초(식초, 설탕, 간장, 소금)를 곁들인다. 그릇에 담고 채 썬 생강을 올린다.

+1 요리 변신

비타민 C를 많이 함유하고 있는 요리를 곁들이면, 오이와 미역 초무침은 스카벤저 효소를 만들면서 동시에 스카벤저 비타민도 섭취할 수 있는 완전한 스카벤저 요리가 된다.

식재료			오이	미역	잔멸치	생강
스카벤저 효소	아포효소 성분	양질의 단백질	–	●	●	–
	조효소 성분	철	–	●	●	●
		아연	–	–	●	–
		동	●	–	●	●
		망간	–	–	●	●
		셀렌	●	●	●	
스카벤저 비타민		A	●	●	●	
		B₂	–	●	●	–
		C	–	–	–	–
		E	–	–	●	–

• 체내에서 스카벤저 효소를 만드는 요리이다.

- 스카벤저 비타민을 섭취하기에는 비타민 C가 부족하다.
- 생강은 진저롤이라는 스카벤저 성분을 함유하고 있다.

피망과 유부 무침

피망(동, 망간, 비타민 A·B₂·C·E)은 꼭지와 심을 제거한 뒤, 5㎜ 폭으로 채를 썰어 끓는 물에 데친다. 유부는 끓는 물에 데쳐 채를 썬 다음 조미액(간장, 맛국물, 겨자)으로 피망, 유부를 섞는다.

MENU 24

돼지고기 된장국

건더기가 많고 된장 맛이 구수한, 대표적인 전통 요리

필요한 재료 돼지고기(얇게 썬 것), 된장, 감자, 무, 당근, 우엉, 파, 곤약

안심 조리

① 돼지고기는 2㎝ 폭으로 썬다.

② 무, 당근은 **껍질을 벗겨,** 5㎜ 폭으로 썰어, 은행잎 썰기 한다.

③ 우엉은 물을 갈아주면서 **수세미로 문질러 씻고,** 얇게 썰어서 물에 담가 **떫은맛을 제거한다.**

④ 감자는 **싹이 난 부분은 도려내고** 껍질을 벗겨 5㎜ 폭으로 썰어 은행잎 썰기 하여 **물에 헹궈둔다.**

⑤ 파는 3㎝ 길이로 썬다.

⑥ 곤약은 한입 크기로 찢어 **살짝 데친다.**

⑦ 냄비에 샐러드유를 넣고 불에 올려 달궈지면 돼지고기와 물기를 제거한 ②, ③, ④, ⑥을 볶다가, 맛국물을 넣고 끓인다. 일단 끓

기 시작하면 **거품을 걷어내면서** 채소가 물러질 때까지 끓인다.

⑧ 작은 볼에 된장을 넣고, 잘 풀리도록 갠 후 섞는다.

⑨ ⑧을 ⑦에 넣어 섞고는 ⑤의 파를 넣어 한소끔 끓인다.

식재료			돼지고기	된장	감자	무	당근	우엉	파
스카벤저 효소	아포효소 성분	양질의 단백질	●	-	-	-	-	-	-
	조효소 성분	철	●	●	●	-	-	●	-
		아연	●	●	-	-	-	-	-
		동	●	●	-	-	-	-	-
		망간	-	●	●	-	●	●	●
		셀렌	●	-	-	●	-	-	-
스카벤저 비타민		A	-	-	-	-	●	-	-
		B₂	●	●	-	-	-	-	-
		C	-	-	●	-	-	-	-
		E	-	●	-	-	●	●	●

• 체내에서 스카벤저 효소를 만들며, 동시에 스카벤저 비타민도 섭취할 수 있다.

• 완전한 스카벤저 요리이다.

• 감자는 폴리페놀의 일종인 커세틴이라는 스카벤저 성분을 함유하고 있다.

MENU 25

*겐친국

채식 요리에서 발전한 국물 요리

필요한 재료 닭고기, 목면 두부, 당근, 우엉, 토란, 대파, 곤약

겐친국
겐친은 우엉, 당근, 표고, 무 등을
으깬 두부와 함께 기름에 볶아
조미한 음식.

+1 요리 변신
비타민 C를 많이 함유하고 있
는 요리를 곁들이면, 겐친국은
스카벤저 효소를 만들며 동시
에 스카벤저 비타민도 섭취할
수 있는 요리가 된다.

안심 조리

① 당근은 **껍질을 벗겨** 5㎜ 폭으로 은행잎 썰기 한다. 우엉은 **껍질을 벗기고 연필 깎기 썰기를 하여 식촛물에 15분간 담가 떫은맛을 제거**한다.

② 토란은 잘 씻어 점액질을 제거한다. 껍질을 벗겨 8㎜ 폭으로 썰어 살짝 데친다. 곤약은 납작 썰기 하여 살짝 데친다. 닭고기는 사방 2㎝로 썰어 체에 놓고 **끓는 물을 끼얹어 기름기를 제거하며, 찬물로 씻어 누린내를 제거한다.** 두부는 물기를 털어낸 후 으깨어놓는다.

③ 냄비에 식용유를 두르고 달궈지면, 중불에서 당근, 토린, 곤약, 두부, 우엉을 볶다가 두부에 기름기가 돌면 닭고기를 넣고 살짝 볶는다. 그런 다음 맛국물을 넣는다.

④ 끓으면 표면에 뜨는 **거품을 걷어내고,** 약한 불에서 식용유, 소금, 맛술을 넣고 채소가 부드러워질 때까지 끓인다. 마지막 단계에 간장으로 맛을 조절하고, 대파를 송송 썰어 넣고 불을 끈다.

식재료			닭고기	목면두부	당근	우엉	토란	대파
스카벤저 효소	아포효소 성분	양질의 단백질	●	–	–	–	–	–
	조효소 성분	철	●	●	–	●	●	–
		아연	●	●	–	●	–	–
		동	●	●	–	●	●	–
		망간	–	●	●	●	●	●
		셀렌	●	●	–	●	●	●
스카벤저 비타민		A	–	–	●	–	–	–
		B₂	●	–	–	–	–	–
		C	–	–	–	–	–	–
		E	●	●	●	●	–	●

- 체내에서 스카벤저 효소를 만드는 요리이다.
- 스카벤저 비타민을 섭취하기에는 비타민 C가 부족하다.

 식후의 키위 화채

비타민 C를 많이 함유하고 있는 요리도 좋으나, 식후에 디저트로 키위(동, 망간, 비타민 C·E)를 먹는 것도 좋다.

녹미채와 튀긴 두부조림

익숙한 맛, 예스러운 요리

필요한 재료   녹미채, 튀긴 두부, 연근, 당근, 생강

안심 조리

+1 요리 변신

양질의 단백질을 함유하고 있는 요리를 곁들이면, 녹미채 유부조림은 스카벤저 효소를 만들면서 동시에 스카벤저 비타민을 섭취할 수 있는 완전한 스카벤저 요리가 된다.

① 녹미채는 충분히 **물에 씻는다.** 그런 다음 **물에 담가 불리고** 체에 건져 물기를 뺀다.

② 유부는 뜨거운 물을 끼얹어 **기름기를 제거**하고 2㎝ 폭으로 썬다.

③ 기름이 달궈지면 냄비에 녹미채를 넣고 볶다가 튀긴 두부와 맛국물을 넣고 끓인다. 끓기 시작하면 **거품을 걷어내고,** 설탕을 넣고 뚜껑을 덮은 뒤 중불에서 단맛이 배도록 한다.

④ 간장, 정종을 넣고 다시 중불에서 끓인다.

⑤ 연근은 **껍질을 벗겨** 4등분한 다음, **얇게 채를 썰어 식촛물에 담가 둔다.** 당근도 껍질을 벗겨 4등분한 후 썬다. 연근과 당근을 기름으로 볶다가 ④를 넣는다.

⑥ 국물이 반으로 줄어들 때까지 조린 후 그릇에 담는다. 생강을 갈아**(껍질을 벗기면 더욱 독성 제거 효과가 좋다)** 즙을 끼얹는다.

식재료			녹미채	튀긴두부	연근	당근	생강
스카벤저 효소	아포효소 성분	양질의 단백질	⋯	⋯		⋯	⋯
	조효소 성분	철	●	●	●	–	●
		아연	●	●	–	–	●
		동	●	●	●	–	●
		망간	●	●	●	●	●
		셀렌	●	●	–	–	●
스카벤저 비타민		A	●	–	–	●	⋯
		B₂	●	–	–	–	–
		C	–	–	●	–	–
		E	●	●	●	●	–

• 스카벤저 효소를 만들기에는 양질의 단백질이 부족한 요리이다.

• 스카벤저 비타민을 섭취할 수 있는 요리이다.

• 생강은 진저롤이라는 스카벤저 성분을 함유하고 있다.

 정어리 카레뮈니엘

정어리(양질의 단백질, 철, 아연, 동, 망간, 셀렌, 비타민 A·B2·E)의 머리
와 아가미를 제거하고 양쪽으로 벌린 후 가시를 제거한다. 소금, 후
춧가루를 양면에 뿌려 껍질 쪽이 바닥을 향하게 체에 올린다. 그다
음 밀가루와 카레 가루를 섞어 물기를 제거한 정어리에 묻힌다. 프
라이팬에 버터와 식용유를 두르고 달궈지면 노릇하게 굽는다. 여
기에 레몬즙을 뿌려 먹는다.

무말랭이 조림
가정의 정감 넘치는 훈훈함을 느낄 수 있게 하는 요리

필요한 재료
무말랭이, 유부, 당근, 양념

안심 조리
① 씻은 무말랭이를 조미액을 넣은 물에 담가 10분 정도 둔 후 짠다.
② 유부는 기름기를 제거하고 반으로 자른 후 채를 썬다. 당근도 채
를 썬다.
③ 기름이 달궈지면 당근을 살짝 볶아, ①을 넣고 재료에 기름기
가 돌면 ①의 조미액을 넣은 뒤(담가두었던 조미액이 아닌, 새로운 국
물을 넣으면 독성이 잘 제거된다) 유부를 넣는다.

MENU
27

+1 요리 변신
양질의 단백질을 함유한 데다
가 비타민 C를 함유한 요리를
곁들이면, 무말랭이 조림은 스
카벤저 효소를 만드는 동시에
스카벤저 비타민을 섭취할 수
있는 완전한 스카벤저 요리가
된다.

④ ③이 끓으면 설탕, 소금을 넣고 다시 조린다. 그릇에 담고 양념을 뿌린다.

식재료			무말랭이	유 부	당 근
스카벤저 효소	아포효소 성분	양질의 단백질	–	–	–
	조효소 성분	철	●	●	–
		아연	●	●	–
		동	●	●	–
		망간	●	●	●
		셀렌	●	●	–
스카벤저 비타민		A	–	–	●
		B2	●	–	–
		C	–	–	–
		E	–	●	●

• 스카벤저 효소를 만들기에는 양질의 단백질이 부족한 요리이다.
• 스카벤저 비타민을 섭취하기에는 비타민 C가 부족하다.

🍲 양파 드레싱을 끼얹은 잔멸치와 신선초 샐러드

① 신선초(철, 아연, 동, 셀렌, 비타민 A·B2·C·E)를 잘 씻어 2㎝ 폭으로 썬다. 끓는 물에 뿌리 부분을 먼저 넣고 데친 후 체에 건져 냉수에 담근다. 그런 다음 손으로 가볍게 물기를 짠다.

② 잔멸치(양질의 단백질, 철, 아연, 동, 망간, 셀렌, 비타민 A·B2·E)는 체에 넣고 끓는 물을 끼얹는다.

③ 양파 드레싱의 모든 재료(양파 간 것, 샐러드유, 식초, 백포도주, 설탕, 소금, 후춧가루)를 혼합한다.

④ ①과 ②를 가볍게 섞어 ③을 끼얹는다.

우엉조림

우리에게 익숙한 뿌리채소 요리이자 할머니의 특기 요리

필요한 재료 우엉, 당근, 흰깨, 양념

MENU 28

안심 조리

① 우엉은 **껍질을 벗긴 뒤, 연필 깎기 썰기 하여 식촛물에 담가두었다가** 물기를 뺀다.

② 당근은 **껍질을 벗겨** 3~4㎜ 정도의 굵기로 채를 썬다.

③ 냄비에 샐러드유를 넣고 달궈지면 간장, 맛술을 넣고 물기가 없어질 때까지 볶는다. 불을 끄기 전에 양념을 넣고 전체적으로 버무린다.

④ ③에 흰깨 간 것을 넣고 담는다.

+1 요리 변신

비타민 C와 B₂를 함유하고 있는 두 가지 식재료를 조합하고, 양질의 단백질을 함유하고 있는 요리를 곁들이면, 우엉조림은 체내에 스카벤저 효소를 만들면서 동시에 스카벤저 비타민을 섭취할 수 있는 완전한 스카벤저 요리가 된다.

식재료			우엉	당근	흰깨
스카벤저 효소	아포효소 성분	양질의 단백질	–	–	–
	조효소 성분	철	●	–	◉
		아연	●	–	●
		동	●	–	●
		망간	●	●	●
		셀렌	◉	–	●
스카벤저 비타민		A	–	●	–
		B₂	–	–	●
		C	–	–	–
		E	●	●	–

• 스카벤저 효소를 만들기에는 양질의 단백질이 부족한 요리이다.

• 스카벤저 비타민을 섭취하기에는 비타민 C와 B2가 부족하다.

🍲 우엉조림에 어울리는 요리

식재료의 하나인 표고버섯(동, 망간, 비타민 B2)과 연근(철, 동, 망간, 비타민 C·E)을 넣는다.

또는 채소 한 가지와 양질의 단백질 및 비타민 B2를 함유하고 있는 전갱이, 가다랑어, 가자미, 연어, 정어리, 육류, 난류 등을 사용한 요리를 만드는 것이다.

MENU 29

뿌리 소송채와 김무침
바다 향기가 풍겨오는 요리

필요한 재료 닭고기, 김, 소송채

안심 조리

① 소송채를 흐르는 **물에 씻은 뒤 충분히 끓인 물에 데쳐,** 물기를 뺀 다음 3㎝ 폭으로 썬다. **데치기 전에 3㎝ 폭으로 자르면 효과적으로 독성을 제거할 수 있다.**

② 물 한 컵을 넣고 끓으면 닭고기를 넣고 뚜껑을 덮은 후, 약한 물에서 5~6분간 찐다. 식힌 후 1㎝ 폭으로 **썬다.**

③ 냄비에 맛국물, 간장, 소금을 넣고 살짝 끓인 후 식힌다.

④ ③에 ①과 ②를 담가둔다.

⑤ 구운 김을 부수고 ④에 살짝 무친 다음 그릇에 담는다.

식재료			닭고기	소송채	김
스카벤저 효소	아포효소 성분	양질의 단백질	●	--	--
	조효소 성분	철	●	--	●
		아연	●	--	●
		동	●	●	●
		망간	--	●	●
		셀렌	●	●	●
스카벤저 비타민		A	●	●	●
		B$_2$	●	●	●
		C	--	--	●
		E	●	●	●

• 체내에서 스카벤저 효소를 만들며, 동시에 스카벤저 비타민도 섭취할 수 있다.

• 완전한 스카벤저 요리이다.

시금치 무침

최고의 스카벤저, 간편한 일품요리

필요한 재료 시금치, 가다랑어포

안심 조리

① 시금치를 깨끗하게 씻은 다음, 넉넉한 양의 끓는 물에 뿌리부터 데친 후 냉수에 담갔다가 짠다. **데친 뒤 3㎝ 길이로 썬다. 3㎝ 길이로 썬 다음 데치면 독성 제거 효과가 더욱 좋다.**

② 간장과 맛국물을 섞어, **3분의 1의 양을 시금치에 넣고 가볍게**

짠다. 남은 즙을 끼얹어 그릇에 담는다. 그런 다음 가다랑어포를 얹는다.

식재료			시금치	가다랑어포
스카벤저 효소	아포효소 성분	양질의 단백질	–	●
	조효소 성분	철	●	●
		아연	●	●
		동	●	●
		망간	●	–
		셀렌	–	●
스카벤저 비타민		A	●	–
		B₂	●	●
		C	●	–
		E	●	–

- 체내에서 스카벤저 효소를 만들며, 동시에 스카벤저 비타민도 섭취할 수 있다.
- 완전한 스카벤저 요리이다.

맺는말

이 책을 마치면서 세 가지로 생각을 정리해보았다.

첫 번째는, 우리에게는 '안전하게 먹을 수 있게 하는 지혜'가 있다는 것이다. 지금 이 지혜를 다시 한 번 더 재발견해야 한다. 따라서 어머니, 할머니들은 딸이나 며느리, 손자에게 이토록 안전하게 먹을 수 있는 지혜를 당당하게 전승해주어야 한다는 생각이 든다.

두 번째는, 우리가 항상 만들어 식탁에 올리는 요리를 불안한 마음으로 먹으면, 모처럼 마련한 요리도 맛이 없어진다는 점이다. 요리는 우선 맛있게 먹는 것이 제일 중요하다. 어느 시대라도 가장 안심하며 마음 놓고 요리를 먹을 수 있는 방법은, 농약이나 첨가물에 대한 불안감을 해소해주는 '전통적인 조리 방법'을 요리에 활용하는 것이다.

세 번째는, 안전하고 맛있게 먹으려면 부엌이나 식탁에서 웃음이 사라지거나 어두운 분위기여서는 안 된다는 점이다. 항상 웃음이 넘치는 밝은 분위기에서 요리를 만드는 노력이 필요하다고 생각한다. 세상에는 노력해도 그만한 성과를 좀처럼 얻지 못하는 것이 많다. 식생활은 노력하면 반드시 해결할 수 있는 문제이다.

요리를 안전하고 맛있게 만들기 위해서 이 책이 조금이라도 도움이 되기를 바란다.

옮긴이의 말

마음 놓고 먹을 수 있는 세상을 바라며

황지희(黃智喜, 청강문화산업대학 푸드스타일리스트과 교수)

환경 파괴와 위협받는 식탁

현대로 접어들면서 사회 환경의 변화는 인체가 적응하기 힘들 정도로 너무나 빠르게 전개되어왔다. 과학 문명과 현대 의학의 발달은, 자연을 정복하고 인간을 질병의 위협과 죽음의 공포로부터 보호해줄 거라는 환상을 안겨주었다. 하지만 문명의 발달과 함께 자연이 극심하게 훼손되었고 환경 요인이 악화되었다. 원인을 규명하기 어려운 희귀병과 만성 질환을 앓는 환자의 수가 날이 갈수록 증가하는 등 인간의 질병도 증가하고 있다. 그러한 파괴와 훼손이 이제 고스란히 부메랑이 되어 인간의 생명을 위협하고 있는 것이다.

그뿐만이 아니다. 식품 가공 기술의 발달과 산업화는 인간의 편이와 안전을 위해 제공되는 것처럼 보이지만, 실은 인간의 건강에 빈번히 악영향을 끼치며 식품으로부터 자연성을 빼앗고 있다. 식품에 가해지는 가공 기술과 인공 첨가물은 우리로 하여금 영양소를 손실케 한다. 그리고 인체 본연의 생명력을 저하시켜 정신적, 육체적으로 극심한 타격을 입힌다. 만성 질환을 앓는 환자들도 급격히 늘어나면서 개인의 삶의 질은 점점 떨어지고 있다.

이 책을 옮기며, 많은 조작과 위선 속에서 우리 식탁이 위협받고 있다는 생각을 떨칠 수가 없었다. 사람이 살아가는 데 있어서 기본적인 의식주 중 가장 중요한 식생활에 대한 위협은 곧 인류의 존폐와 직결될 만큼 중요한 문제라 할 수 있다.

생명을 위협하는 유해 물질들

언제부터인가 신문, 잡지, 뉴스 등 언론으로부터 '바른 먹거리' 라는 말을 자주 듣게 되었다. 이것은 그만큼 21세기를 살아가는 우리들이 바른 먹거리를 먹지 못하고 있음을 나타내는지도 모른다. 그렇다면 음식물 속 우리를 불안하게 하는 유해 물질에는 어떤 것들이 있을까. 이 책은 우리의 환경조건하에서 어떠한 방식으로 안전한 식품을 섭취할 수 있는가에 대해 쉽고 기본적인 내용을 중심으로, 동시에 조금은 전문적인 용어도 거론하면서 설명하고 있다.

먼저 그 첫 번째는 살균제, 살충제, 제초제 등 잔류 농약이다. 두 번째로 화학비료 과다 사용으로 남아 있는 채소의 초산염이 있고, 세 번째로 육류와 어류의 체내에 남는 항균성 물질(합성 항균제, 항생 물질)이 있다. 네 번째는 발암성을 띤 여성호르몬제인데, 수소의 육질을 암소의 그것처럼 부드럽게 만들기 위해 귀뿌리 피하에 이 호르몬을 주사함으로써 소의 몸속에 남을 수 있다. 다섯 번째는 광우병이고, 여섯 번째는 가공·보존·착색·산화 방지 등을 목적으로 식품에 첨가되는 무려 1530항목의 식품첨가물이다. 일곱 번째는 수입 식품에 들어 있는 유해 요인들인데, 금지된 농약을 사용하는 경우와 포스트하비스트postharvest(수확 후의 농약 살포), 허가되지 않은 첨가물을 사용하는 경우, 중국산 채소에서 검출되는 기준치 초과 잔류 농약 등이 그것이다. 여덟 번째는 알레르기를 유발하는 유전자 조작 식품, 아홉 번째는 환경호르몬이다. 마지막으로 유해 물질에 속하는 것은 활성 산소이다. 활성 산소는 전자구조적으로 변화한 산소를 말하는데, 각종 질병의 원인이 된다고 알려져 있다.

바른 식생활로 가는 지름길

이 책은 유해 물질로 인한 불안감을 해소하기 위해 가정에서 쉽게 사용할 수 있는 방법으로 식재료 선택, 사전 처리, 섭취 방법 등 3단계 해결책과 조리법을 제시하고 자세히 설명한다. 저자는 우리가 그동안 많은 유해 물질을 섭취해온 것에 비해 건강한 것이, 지금까지 알게 모르게 유해 물질을 줄이는 식생활을 하면서 살아온 결과라며, 그것이 바로 '먹거리 불안 시대'를 살아가는 최선의 방법임을 역설하고 있다.

물론 가장 근본적이고 바람직한 해결 방법은 신뢰를 바탕으로 한 생산자와 소비자 사이의 관계가 형성되어 모든 식품을 믿고 사 먹는 것이다. 그러나 그러한 일은 지금의 현대 사회에서 현실적으로 기대하기 어렵다. 그렇다면 우리 몸을 지키기 위해 가능한 최선의 방법은 무엇일까? 가정에서 시행할 수 있는 음식물 사전 처리 방법과 조리법을 터득하고 최대한 실천에 옮기며 되도록 우리의 전통 음식을 섭취하는 것이라고 할 수 있겠다.

체내 활성 산소 발생의 주범인 유해 물질이 식재료의 사전 처리만으로는 제거될 수 없는 현실에서, 활성 산소와 유해 물질의 피해를 동시에 최대한 줄여주는 섭생법이, 다른 특별한 것이 아닌 바로 우리의 전통 음식 섭취라는 사실은 시사하는 바가 크다.

이 책은 비록 일본인 저자가 집필했지만 일본 또한 식문화에 있어 우리나라와 현실적으로 별반 다르지 않은 점을 감안해 볼 때 마음에 와 닿는 내용이 아닐 수 없다. 모쪼록 이 책을 통하여 식품의 유해 물질을 식별하는 안목과 안전한 조리법을 익혀 몸과 마음이 풍성하고 건강해지는 식생활이 되기를 바란다.

똑똑하게 먹는 50가지 방법
유해 물질과 활성 산소 없는 밥상 만들기

1판 1쇄 펴낸날 _ 2005년 11월 5일
1판 2쇄 펴낸날 _ 2005년 11월 15일

지은이 _ 마스오 기요시
옮긴이 _ 황지희

펴낸이 _ 이보환
펴낸곳 _ 도서출판 사람과책
등록 _ 1994년 4월 20일 제16-878호

주소 _ 135-907 서울시 강남구 역삼1동 605-10 세계빌딩 5층
전화 _ (02)556-1612~4
팩스 _ (02)556-6842
홈페이지 _ www.mannbook.com
이메일 _ publisher@mannbook.com

※ 잘못된 책은 바꾸어 드립니다.
※ 값은 뒤표지에 표시되어 있습니다.

ISBN 89-8117-090-8 13590